बौद्ध धर्म : जीवन-पद्धतियाँ

संपादक

डॉ॰ वसुंधरा मिश्र

B. R. Publishing Corporation
[A Division of B.R.P.C. (India) Ltd.]
Delhi-110052

बौद्ध धर्म : जीवन-पद्धतियाँ

डॉ० वसुंधरा मिश्र

First Published: 2004

ISBN 81-7646-452-x

Rs. 200/-

Published by :

B. R. Publishing Corporation

[A Division of BRPC (India) Ltd.]

425, Nimri Colony, Ashok Vihar,

Phase-IV, Delhi-110052

E-Mail : *brpcltd@del2.vsnl.net.in*

Printed In India

समर्पित

दिवंगत पूज्य गुरु स्वर्गीय पोतुविल गुणरत्न महाथेर की स्मृति में, जिन्होंने मुझे सद्धर्म का मर्म समझाया।

एवं

दिवंगत पूज्या माँ श्रीमती कृष्णा व्यास की स्मृति में जिनका अलौकिक प्रकाश मेरे जीवन का पथ-प्रदर्शक बना।

–संपादक

मनो पुब्बङ्गमा धम्मा मनो सेट्ठा मनोमया।

मनसा चे पदुट्ठेन भासति वा, करोति वा।

ततो नं दुक्खमन्वेति चक्क"व वहतो पदं॥1॥

अर्थात् मन सभी प्रवृत्तियों का अगुआ है, मन उसका प्रधान है, वे मन से ही उत्पन्न होती हैं। यदि कोई दूषित मन से वचन बोलता है या काम करता है, तो दुःख उसका अनुसरण उसी प्रकार करता है, जिस प्रकार चक्का गाड़ी खींचनेवाले बैलों के पैर का।

मनो पुब्बङ्गमा धम्मा मनो सेट्ठा मनोमया।

मनसा चे पसन्नेन भासति वा करोति वा।

ततो नं सुखमन्वेति छाया"व अनपायिनी॥2॥

अर्थात् मन सभी प्रवृत्तियों का अगुआ है, मन उनका प्रधान है, वे मन से ही उत्पन्न होती हैं। यदि कोई प्रसन्न (=स्वच्छ) मन से वचन बोलता है या काम करता है, तो सुख उसका अनुसरण उसी प्रकार करता है, जिस प्रकार कि कभी साथ नहीं छोड़ने वाली छाया।

(धम्मपदगाथा-यमक वग्गो गाथा 1, 2)

परिच्छेद–अनुक्रमणिका

दो शब्द

भारतीय समाज कई धर्मों और संस्कृतियों का मेल है। धर्म की व्याख्या सभी लोग अलग-अलग ढंग से परिभाषित करते आ रहे हैं और उन्हीं के अनुरूप धार्मिक आस्था के भी विभिन्न रूप देखने को मिलते रहे हैं। भगवद्गीता में कहा गया है–

"सत्वानुरूपा सर्वस्य श्रद्धा भवति भारत।
श्रद्धामयोऽयं पुरुषोः यो यच्छ्द्धः स एव सः।।"

जिस मनुष्य की जैसी श्रद्धा है वह उसी के अनुरूप होता है।

सर्वधर्मसमन्वय की धारा में भारत सदैव आगे रहा है। भारत की भूमि ऋषि-मुनियों, संत-साधुओं की रही है। बुद्ध, महावीर, रामकृष्ण परमहंस, विवेकानंद, अरविंद आदि की यह धरती उनकी ऋणी है जिनके धर्मोपदेश हमारी धरोहर हैं। महापुरुषों द्वारा बताए गए मार्ग उनके संयम और उदात्त दृष्टि के ही परिणाम हैं।

बुद्ध के आविर्भाव के समय से ही ब्राह्मणों में कर्मकाण्ड के साथ-साथ ज्ञान का भी महत्त्व रहा। भगवद्गीता में कर्म ज्ञान और भक्ति का समन्वय मिलता है। इसी प्रकार एक ओर उत्तर पूर्व में वैदिक धर्म का व्यापक तो दूसरी ओर उत्तर-पश्चिम में प्रवृत्ति और निवृत्ति के समन्वय पर जोर था। बौद्ध धर्म और जैन धर्म भी समानान्तर बहा और भागवत धर्म का भी विकास होता रहा। छठीं शताब्दी में सामाजिक जीवन में वैदिक कर्मकाण्डों के विरोध में बौद्ध धर्म का आविर्भाव हुआ। तभी तो याकोबी ने माना कि बौद्धों और जैन साधुओं का जन्म ब्राह्मण भिक्षुओं के अनुकरण का परिणाम है। (बौद्ध धर्म के विकास का इतिहास, गोविंद चंद्र पाण्डेय, पृष्ठ - 313)

बुद्ध मत का यही उद्देश्य रहा कि मनुष्यलोक के प्राणि जगत को कष्टों से मुक्ति मिले। अज्ञानता, कामना, वासना आसक्ति की प्रवृत्ति से

प्रत्येक प्राणी को मुक्त कराने हेतु ही बुद्ध के चार महाआर्यसत्यों का आविर्भाव हुआ।

अत्यंत सहज और सरल भाषा में बुद्ध के धर्म का प्रचार हुआ जो सभी मनुष्यों के लिए सुलभ है। तथागत ने गृहस्थों के लिए याग-यज्ञादि के स्थान पर सदाचार रूप में आध्यात्मिक संस्करण प्रस्तुत किया। (बौद्ध धर्म के विकास का इतिहास, पृ० 313) गृहस्थों के ये उपदेश भिक्षुओं द्वारा संग्रहीत "वाणी" में अधिक नहीं मिलते। बुद्ध बनने के पहले क्षत्रिय राजकुमार सिद्धार्थ स्वयं गृहस्थ ही थे लेकिन गृहस्थ धर्म के त्याग के पश्चात् उनका चिन्तन पूर्णरूपेण संन्यास और वैराग्य की भूमि पर ही आधारित रहा।

सनातन धर्म में बुद्ध को हिन्दू देवी-देवताओं में नवाँ अवतार माना गया और उनकी मूर्ति पूजा का विधान प्रारम्भ हुआ। तभी तो जयदेव कवि ने "केशवधृत शरीर : कहा अर्थात् विष्णु ने ही बुद्ध का शरीर धारण कर लिया। गुणवंत शाह ने माना है जहाँ अभिव्यक्ति और अनुभूति का विच्छेद होता है वहाँ अध:पतन ही होता है जैसा कि बुद्ध धर्म का हुआ। अनुभूति ही धर्म को जीवित रख सकती है। जहाँ अनुभूति नहीं है वहाँ अभिव्यक्ति प्राणविहीन खोखा बन जाती है। आज बुद्ध और धर्म को भूल संघ ही प्रधान पद प्राप्त करने लग गये हैं। (करूणामूर्ति बुद्ध, गुणवंत शाह, स्वागत, पृष्ठ-8) यह सत्य है कि भारतवर्ष पूर्ण रूप से कभी बौद्ध धर्म का अनुयायी नहीं रहा किंतु यहाँ जो भी थोड़ा बहुत प्रभाव कहीं लक्षित होता है वह आंशिक, स्थानीय या क्षणस्थायी ही रहा (The decline of Buddhism in India, Dr. R.C. Mitra, Vishwa-Bharati, 1954, P-2 देखें- भक्तिमार्गी बौद्ध धर्म, नगेन्द्रनाथ वसु, नयी भूमिका, पृ० चार)। बौद्ध धर्म का भारत में लुप्त हो जाना और हिन्दू धर्म में उसके विलीन हो जाने के कई कारण रहें जिनकी चर्चा संक्षेप में प्रस्तुत ग्रंथ में भी की गई हैं।

बुद्ध के प्रति भक्ति की यह भावना सगुण एवं साकार रूप के प्रति है जो काल के क्रमश: प्रवाह के साथ-साथ अवतार रूप में माने जाने के कारण रहा। एक ओर उनका शून्यवादी दर्शन और दूसरी ओर उनकी अवतार रूप में पूजा दोनों ही उनकी महत्ता को बढ़ाते हैं। यह श्रद्धा और

विश्वास का एक रूप ही माना जा सकता है। भक्ति किसी भी रूप में हो सकती है।

बंगाल में धर्म ठाकुर की पूजा, उत्कल में महिमा धर्म आदि को बौद्ध-धर्म का ही अवशिष्ट अंग माना गया। सहजयानी बौद्ध सिद्धों, नाथ पंथ, संतों पर भी बौद्ध धर्म का स्पष्ट प्रभाव पड़ा और इसीं कारण भारतीय समाज कम-अधिक, प्रत्यक्ष-अप्रत्यक्ष रूप से बौद्ध धर्म से प्रभावित रहा।

सनातन धर्म ब्रह्मचर्य, गृहस्थ, वानप्रस्थ और संन्यास चार आश्रमों में विभक्त व्यक्ति के संपूर्ण जीवन को जीता है। एक को पूर्ण कर दूसरे में जाना पड़ता है, उनमें व्यक्ति वापस नहीं लौट सकता। इसी कारण संन्यास की दीक्षा गुरु आसानी से नहीं देना चाहते। वहीं बौद्ध धर्म की दृष्टि अलग है। माता-पिता अपने पुत्र के युवाकाल में ही उसे सर्वश्रेष्ठ भिक्खु धर्म की दीक्षा देना अपना कर्त्तव्य समझते हैं। बौद्ध धर्म में गुरु के आदेशानुसार वह पुनः गृहस्थाश्रम में प्रवेश लेने में सक्षम होता है।

बुद्ध के उपदेश "त्रिपिटक" में संग्रहित हैं। बौद्ध साधना का वर्णन "विसुद्धिमग्ग" में मिलता है। धर्मानंद कोसाम्बी ने इस क्रम में बहुत से महत्त्वपूर्ण कार्य किये हैं जिनसे गौतम बुद्ध की विस्तृत जीवनी, कथाएँ, धर्मोपदेश, साधना का वर्णन मिलता है साथ ही बौद्ध धर्म के प्रचार प्रसार में भी प्रचुर सहायता मिली। बुद्धलीला संग्रह, बौद्ध संघाचा परिचय और मराठी भाषान्तर में लघुपाठ इत्यादि कार्य विशेष उल्लेखनीय हैं। महायानी आचार्य शान्तिदेव के बोधिचर्यावतार का अनुवाद करके धर्मानन्द कोसाम्बी ने बौद्ध-भक्ति से परिचित कराया।

प्रस्तुत ग्रंथ बुद्ध के द्वारा बताए गए मार्ग में भक्ति की पद्धति को उजागर करता है। प्रथम परिच्छेद "धर्म अनुशीलन" में धर्म की व्याख्या के साथ-साथ बुद्ध द्वारा प्रतिपादित धर्म की व्याख्या है। बौद्ध धर्म हिन्दू धर्म से निकला हुआ धर्म है और भारत में उसके पतन के क्या कारण रहे इसका विवेचन भी किया गया है।

द्वितीय परिच्छेद में "बुद्ध की जीवन यात्रा और उनके धर्म, दर्शन" में बुद्ध की देशना, चार आर्यसत्यों, सैंतीस बोधिपाक्षिक धर्म, शील-समाधि-प्रज्ञा, प्रतीत्यसमुत्पाद, अनित्यदुख अनात्म, अव्याकृत और

निर्वाण आदि की चर्चा की गई है जो मनुष्य के नैतिक और आध्यात्मिक विकास प्राप्ति के लिए साधना के सोपान हैं।

बौद्ध गृहस्थों एवं साधकों के लिए बुद्ध हिन्दू अवतार रूप में पूजे जाते हैं। तृतीय परिच्छेद "पूजा और प्रार्थना" में पूजा पद्धति और देवताओं से रक्षा हेतु प्रार्थना का वर्णन है।

चतुर्थ परिच्छेद "वंदना" में बुद्ध, धर्म, संघ, आचार्य, उपाध्याय और सर्वचैत्यों की वंदना के साथ संपूर्ण गाथा संग्रह है। पंचम परिच्छेद "दान" में बुद्ध की प्रतिमा के स्नान के पश्चात् ब्राह्मणों को दान देने के विभिन्न विधान वर्णित हैं।

छठें परिच्छेद "शील" में मनुष्य के नैतिक और आध्यात्मिक उन्नति हेतु शील के विभिन्न स्वरूपों का वर्णन है जिससे चारित्रिक उन्नति होती है।

सातवाँ परिच्छेद "भावना" है जिसमें यही स्पष्ट करने की कोशिश की गई है कि बुद्ध स्वयं किसी को विमुक्ति का फल नहीं दे सकते, वे मात्र पथ-प्रदर्शक है। दान, शील, कर्मस्थान का सम्मिलित रूप ही बुद्धवाणी है। मैत्री, करुणा, मुदिता और उपेक्षा चार ब्रह्मविहार भावना के सर्वश्रेष्ठ अंग हैं जिसे बौद्ध साधक स्वयं अपने प्रयास से प्राप्त करता हैं।

बिना त्याग, तपस्या और साधना के मनुष्य का विकास संभव नहीं है। आठवें परिच्छेद "प्रव्रज्या" में बौद्ध साधक प्रव्रज्या अर्थात् वैराग्य ग्रहण करके ही सत्य की खोज करते हैं। नवें परिच्छेद "गृहस्थों के कर्त्तव्य" में बौद्ध साधकों के लिए बुद्ध द्वारा दिये गये जीवनोपयोगी उपदेशों की चर्चा की गई है।

"बौद्ध धर्म की जीवन पद्धतियाँ" भगवान् बुद्ध की पूजा एवं वंदना से सम्बन्धित ग्रंथ है। इसमें जिन बंग्ला पुस्तकों का योगदान मिला है, वह अविस्मरणीय है। धर्मपाल महाथेर की "सद्धर्म रत्नमाला", श्री सुभृतिरंजन बरुआ की "सद्धर्म नीतिरत्नमाला" एवं पुण्यानन्द स्वामी की "रत्नमाला" इन तीनों पुस्तकों की सामग्री प्रस्तुत ग्रंथ में सहायक रहीं है। महाबोधि बुक एजेन्सी, कलकत्ता के श्री डी० एल० एस० जयवर्धन द्वारा मिली प्रेरणा की मैं आभारी हूँ।

बुद्ध और उनकी शिक्षा के प्रति मेरी रुचि सन् 1979 से अधिक बढ़ी, जिसका श्रेय मेरे पूज्य गुरु महाबोधि सोसाइटी, सारनाथ के अध्यक्ष स्वर्गीय श्री पोतुविल गुणरत्न महाथेर को जाता है। बनारस हिन्दू विश्वविद्यालय में उसी दौरान मैंने सिंहली भाषा में दो वर्षो का डिप्लोमा कोर्स भी किया। मेरा शोध विषय भी "भगवान बुद्ध से संबंधित हिन्दी काव्य" रहा।

"बौद्ध धर्म की जीवन पद्धतियाँ" बौद्ध विषयक धर्म, दर्शन, सिद्धांत और भक्ति से संबंधित पुस्तक है। अतः हिन्दी भाषी स्थानों में बौद्ध साधकों गृहस्थों एवं साधारण जनों के लिए यह ग्रंथ उपयोगी होगा, ऐसी आशा करती हूँ।

भगवान बुद्ध का धर्म आज विश्व के कई स्थानों पर माना जाता है। उनका चरित्र अनेक दृष्टियों से सर्वथा मौलिक ही नहीं बल्कि सच्ची दिशा प्रदान करने वाला है। इसी आशा के साथ यह ग्रंथ आपके समक्ष प्रस्तुत है कि प्रत्येक व्यक्ति जो भी इसे पढ़े, कुछ लाभ प्राप्त करें।

इस ग्रंथ को सफल बनाने में बंग्ला अनुवादक श्री संजीव बनर्जी, (आनन्दबाजार पत्रिका, कोलकाता) का योगदान रहा जिन्होंने मुझे बंग्ला के कठिन शब्दों के अर्थ समझाये जिसके लिए मैं कृतज्ञ हूँ। कोलकाता महानगर की प्रसिद्ध साहित्यिक एवं सांस्कृतिक संस्था "अर्चना" के संस्थापक एवं साहित्यकार श्री नथमल केडिया की भी आभारी हूँ जिन्होंने ग्रंथ लिखने के लिए उत्साह प्रदान किया। प्रोत्साहन एवं प्रेरणा हेतु मैं आभारी हूँ पति श्री रमेश मिश्र, पुत्र अभिषेक एवं पुत्री शिल्पी की जिनका सहयोग मुझे बराबर मिलता रहा।

अंत में ग्रंथ के मुद्रण हेतु बी॰ आर॰ पब्लिशिंग कार्पोरेशन, दिल्ली के प्रकाशक श्री प्रवीण मित्तल को धन्यवाद देती हूँ जिन्होंने ग्रंथ के प्रकाशन का पूर्णभार अपने ऊपर लेकर मुझे अनुगृहीत किया।

—वसुंधरा मिश्र

अध्याय–1

धर्म अनुशीलन

धर्म अनुशीलन

1. धर्म का अर्थ
2. धर्म का आचार
3. धर्म का लक्ष्य
4. बुद्ध द्वारा प्रतिपादित धर्म
5. त्रिशरण
6. त्रिशरण ग्रहण
7. त्रिशरण की उत्पत्ति
8. त्रिशरण का भेद
9. बुद्ध का युग तथा तत्कालीन परिस्थितियाँ
10. बौद्ध धर्म हिन्दू धर्म की निष्पत्ति
11. बौद्ध धर्म के पतन का कारण

धर्म अनुशीलन

धर्म का अर्थ

धर्म शब्द का व्युपत्तिगत अर्थ है "जो धारण करती है-"

धारणाद् धर्म मित्याहुर्धर्मो धारयते प्रजाः (महाभारत कर्ण, 69/58)

धर्म में धारण करने का भाव है। यह वस्तुओं की व्यवस्था और संतुलन का नाम है। ऋग्वेद में (1.187.1, 10.92.2) इसका प्रयोग विश्व को धारण करने के अर्थ में हुआ है। जिसमें विश्व के विविध रूपों और तत्वों का समन्वय है।

धर्म का आचार

धर्म का स्थान कहाँ हैं? हम इस प्रश्न के उत्तर में कह सकते हैं कि मनुष्य के मन में धर्म का स्थान है, बाह्याचार अनुष्ठानों में नहीं। आज मनुष्य मन के उत्कर्ष साधनों को भूलकर आचार-अनुष्ठानों और बाह्याडंबरों में अधिक रुचि लेने लग गया है। इसी कारण हमारे मन में इस प्रकार के विविध प्रश्न उठते हैं। बाह्य अनुष्ठानों के विषय में भी हमें जानना आवश्यक है क्योंकि धर्म को मन में प्रतिष्ठित करने के लिए वे एक सहायक अंग की तरह कार्य करते हैं।

धर्म और आचार में क्या भेद हैं? इसे जानना आवश्यक है। विभिन्न धर्मों में आचार भी भिन्न-भिन्न होते है, परन्तु मूलतः सभी धर्मों का उद्देश्य एक ही है। वह है मनुष्य को उच्चतर स्तर में ले जाना या उसमें निहित सद्‌वृत्तियों को विकसित करना। "आचार" शब्द "चार" धातु (अर्थ चलना) से ही उत्पन्न हुआ है जिसका अर्थ आचार, आचरण और चरित्र है। जीवन-यापन की पद्धति ही आचार शब्द के अर्थ में प्रयुक्त होती है और जो व्यक्ति जैसे आचरण का पालन करता है उसका चरित्र भी उसी तरह का बन जाता है।

धर्म का लक्ष्य

जगत् में धर्मप्रचारक मन की एकाग्रता में ही आध्यात्मिक शक्ति की स्थिति मानते हैं इसलिए वे सर्वपूज्य हैं। इस कारण हम अनुभव करते हैं कि मनुष्य के मन में धर्म का स्थान सदैव रहेगा। साधन-भजन भी मनुष्य के विकास में सहायक के रूप में अनन्तकाल तक विद्यमान रहेगा।

धर्म चेतना मनुष्य को सुसंस्कृत जीवन प्रदान करता है। सुसंस्कृत व्यक्ति सुसभ्य सामाजिक प्राणी और सुसभ्य समाज का गठन करना ही धर्म का प्रथम लक्ष्य है। द्वितीय लक्ष्य है सुप्रतिष्ठित मनुष्य द्वारा समाज में सुसंयत जीवन यापन करना और साधन-भजन के माध्यम से सभी दु:खों का अवसान करना तथा अमृत-तत्त्व का लाभ करना।

अत्यंत सहज और सरल भाषा में बुद्ध ने अपने धर्म मत का प्रचार किया। इनके धर्म का मूल लक्ष्य था सत्य की उपलब्धि। मनुष्य इस सत्य की उपलब्धि कर ले इसके लिए उन्होंने दार्शनिक तत्वों में न जाकर कार्यकर पद्धति का निर्देश दिया।

संसार के दुख कष्टों से मनुष्य की मुक्ति, यही बुद्ध की एकमात्र इच्छा थी। अज्ञानता, कामना, वासना, आसक्ति की प्रवृत्ति से स्वयं को मुक्त कराना मनुष्य के जीवन का उद्देश्य है। बुद्ध के चार महासत्यों का आर्विभाव भी इसी के कारण हुआ। बुद्ध धर्म में कोई गोपन मंत्र, याग-यज्ञ का अनुष्ठान और उपनिषद् की तरह कठिन दर्शन तत्व न था। इसी कारण बुद्ध का उपदेश और निर्देश साधारण लोगों के लिए सुलभ था। बुद्ध ने मध्यम मार्ग की बात कही। यह पथ एक नैतिक विधान है जो गृहस्थ और संन्यासी दोनों के लिए अनुसरणीय था।

बुद्ध द्वारा प्रतिपादित धर्म

बुद्ध मत मनुष्यलोक के प्राणियों के लिए दु:खों से मुक्ति का साधन है एवं मानव जन्म के अतिरिक्त यह साधना अन्य किसी के लिए संभव नहीं है। मनुष्य लोक में, प्रेतलोक में, तिर्यक योनि या असुरलोक या अरूण ब्रह्मलोक में भी पुण्य सम्पादन या दु:ख की मुक्ति के लिए

साधना का कोई स्थान नहीं है। दुष्कर्म के फलस्वरूप एक बार मनुष्यत्व को खोकर, एक बार अधोगति प्राप्त कर पुनः मनुष्य जन्म को प्राप्त करना बहुत ही कठिन है। देवलोक में भी देवपुत्र समूह सहस्त्र अप्सराओं से घिरे काम सुख में इतने लिप्त होते हैं कि वे पुण्यकर्मों को बिल्कुल ही भूल जाते हैं किंतु मनुष्य लोक में एक ओर आर्त्तपीड़ित और असहाय लोगों का करुण आर्तनाद और दूसरी ओर धनी, विलासी पुरुषों का स्वर्ग सुख उपभोग ये दोनों दृष्टांत मनुष्य समाज में दिखाई पड़ते हैं। मनुष्य के बीच यह परस्पर विरोधाभास है, एक विराट अलगाव है जिसे वह स्वयं साक्षात्कार कर पाप-पुण्य एवं उसके सुख-दु:ख के अस्तित्व की उपलब्धि कर सकता है।

विज्ञ व्यक्ति जीवन के वृहत्तम सुख की आशा में कठोर साधना, तपस्या कर बुद्ध द्वारा प्रदर्शित अष्टांगिक मार्ग का अनुसरण करते हैं। इसी कारण बुद्ध ने मानव जीवन को इतना गौरव और महत्व दिया।

बुद्ध ने विश्व की कोई सीमा निर्धारित नहीं की है वरन् उनके अनुसार चार नरक, एक मनुष्य लोक, छः दैवलोक, 16 रूप ब्रह्मलोक, चार अरूप ब्रह्मलोक, प्रकृति जीव लोक मिला कर एक चक्रवाल होता है। इन सभी जीवलोक में जीव अपने कर्मफल से जन्म लेते हैं और एक निर्दिष्ट सीमा तक जीवित रहकर शेष में मृत्युवरण करते हैं और पुनः कर्मानुसार नवीन जन्म धारण करते हैं। यह नवीन जन्म कर्म के अनुसार सुख का भी हो सकता है और दु:ख का भी हो सकता है। इस असीम विश्व में असंख्य चक्रवाल विद्यमान है। इन सभी चक्रवालों में जीव समूह अनंत काल से जन्म-मृत्यु के आवर्त्तन-विवर्त्तन में संसरण करते हुए गतिशील हैं। इस चक्रवाल भ्रमण में जो दु:ख भोग है वह दु:खबंधन है और सुख भोग सुख-बंधन है, इन दोनों बंधनों से मुक्ति ही निर्वाण है जो दु:खहीन, सर्वबंधनहीन, स्वाधीन, चरम और परम उपशम अवस्था है।

एक-एक चक्रवाल जीव समूह तीन अवस्थाओं में निवास करते हैं। मनुष्य और देवसमूह काम सुखभोग में स्थित होते हैं। रूप ब्रह्मवासी समूह रूप ध्यान का सुख-उपभोग करते हैं। अरूप ब्रह्मवासी समूह

उपेक्षा चेतना में अवस्थित होते हैं। इस स्थिति से अलग होने पर भी पूर्व कर्मफल के अनुयायी नये-नये सुख-दुख की स्थिति में जन्म लेते हैं। तभी बुद्ध ने कहा कि चक्रवाल किसी भी प्रकार से जीव का निरापद आश्रय नहीं, बल्कि वह जीव का दीर्घ और अल्प काल के लिए प्रत्येक स्तर पर दुःख काम सुख, रूप-ध्यान सुख एवं उपेक्षा चेतना अनुभूति का स्थान निर्वाण ही अच्युत अमृत पद है।

मनुष्य भूमि के अतिरिक्त चक्रवाल का कोई नाम नहीं माना जाता। चक्रवाल के कर्म सुख दुःख भोगने के स्थान में स्थित होते हैं। मनुष्य का स्वभाव सुख-दुख मिश्रित है, कुशल कर्मों के संपादन द्वारा अपनी मुक्ति मनुष्य जन्म से ही संभव है, शास्त्रों में कहा गया है कि मनुष्य जन्म अत्यंत दुर्लभ है, बुद्ध को साक्षात् पाना या धर्म को पाना और भी दुर्लभ है।

बुद्ध धर्म, प्रार्थना या करुणा की भिक्षा द्वारा विमुक्ति को पाना नहीं है। यह धर्म आचरण, प्रतिपालन, कर्म संपादन और मनन का धर्म है। मुक्ति की प्राप्ति कोई भी सृष्टिकर्त्ता, व्यक्ति विशेष या देवता की करुणा पर निर्भर नहीं करता है विचार के लिए भी अपेक्षा नहीं करता है। इस धर्म का अनुशीलन इस काल में जैसे फलप्रद है, परलोक में भी उसी प्रकार मंगलदायक है।

त्रिशरण

त्रिशरण का तात्पर्य है बुद्ध या ज्ञानी की शरण से है, धर्म की शरण से एवं संघ की शरण से है।

त्रिशरण ग्रहण जीवन की मुक्ति प्राप्ति के लिए अनुकूल नियंत्रण करना है। वर्तमान काल में भिक्षुगण हमें त्रिशरण दान करते हैं, कभी हम स्वयं भी त्रिशरण ग्रहण करते हैं किंतु बुद्धकाल में यह परंपरा नहीं थी। भगवान् बुद्ध के साथ धर्मालाप कर या धर्म विषयक उनका भाषण सुनकर क्षत्रिय, ब्राह्मण या गृहस्थ सभी प्रीति का अनुभव कर आनंदित हो स्वयं ही त्रिशरण में जाते थे। बुद्ध, धर्म और संघ के प्रति श्रद्धा और आस्था व्यक्त कर त्रिशरण ग्रहण करना है, यह बौद्ध धर्म का कोई दीक्षा-मंत्र नहीं है।

त्रिशरण ग्रहण

बुद्धं शरणं गच्छामि – मैंने बुद्ध की शरण ली।
धम्मं शरणं गच्छामि – मैंने धर्म की शरण ली।
सघं शरणं गच्छामि – मैंने संघ की शरण ली।

त्रिशरण के अन्तर्गत हूँ, यह हमारे लिए गौरव का विषय है। त्रिशरण ग्रहण कर हम बौद्ध या बुद्ध सेवक बनते हैं। जो व्यक्ति इसका अर्थ हृदयंगम करके मन प्राण से इस मंत्र का उच्चारण करेंगे, वे बौद्ध या बुद्ध भक्त के अंतर्गत माने जाते हैं। "शरण" लेने का अर्थ है 'आश्रय लेना'। संसार का आदि, अन्त, इहकाल, परलोक और जन्म मृत्यु के गूढ़ रहस्य में अंधा मनुष्य सर्वदा ही अपने लिए एक आश्रय खोजना चाहता है। यह त्रिशरण मंत्र कहाँ और किसे लक्ष्य करके एवं किसके द्वारा यह प्रथम प्रचारित हुआ इस कहानी को बौद्ध होने के कारण जानना आवश्यक है।

त्रिशरण की उत्पत्ति

शाक्य कुमार सिद्धार्थ छः वर्षों की तपस्या के उपरांत बुद्धगया के बोधिवृक्ष के मूल में वैशाख पूर्णिमा के दिन बुद्धत्व प्राप्ति की थी तदुपरांत धर्म के प्रचार के लिए उन्होंने वाराणसी के ऋषिपत्तन मृगदाव की ओर प्रस्थान किया। वहाँ आषाढ़ पूर्णिमा के दिन पंचभिक्षुओं को संबोधित कर प्रथम "धर्म-चक्र-प्रर्वतन" सूत्र का उपदेश दिया। यहीं से बुद्ध के उपदेश को सुनकर उन्होंने अर्हत् फल प्राप्त किया, बाद में वाराणसी के ही एक श्रेष्ठि पुत्र ने बुद्ध के पास प्रव्रज्या और उपसंपदा की प्राप्ति कर अर्हत्व की प्राप्ति की। इस प्रकार जन समाज में प्रचार हुआ।

त्रिशरण का भेद

शरण दो प्रकर की मानी गई है - लौकिक और लोकोत्तर

स्रोतापन्न व्यक्ति की शरण लोकोत्तर होती है, यह कभी भी नष्ट नहीं होती।

साधारण लोगों की शरण लौकिक होती है, यह कभी भी नष्ट हो सकती है।

बुद्ध से भी श्रेष्ठ देवता ब्रह्मा है ऐसा सोचने पर अथवा किसी भी दुर्बल देवता को बुद्ध की अपेक्षा अधिक क्षमताशाली या गुणशाली समझने पर लौकिक शरण नष्ट हो जाता है।

लौकिक शरण चार प्रकार माने गये हैं- आत्मसमर्पण, तत्परायण, शिष्यत्व ग्रहण और प्रणिपात शरण।

1) आत्मसमर्पण– मैं स्वयं को आज से बुद्ध, धर्म और संघ के प्रति आत्मसमर्पित करता हूँ। यही आत्म समर्पण है।

2) तत्परायण– आज से मैं बुद्ध परायण, धर्म प्रायण और संघ परायण हुआ। मुझे त्रिरत्नपरायण समझें। इस प्रकार से शरण ग्रहण करने को तत्परायण शरण कहा जाता है।

3) शिष्यत्व ग्रहण– आज से मैं बुद्ध का, धर्म का, संघ का शिष्य बना। एकांत में शरणगत शिष्य कह कर मुझे गृहण करें। इस प्रकार के शरण-ग्रहण को शिष्यत्व ग्रहण कहते हैं।

4) प्रणिपात शरण– मैं आज से बुद्धादि त्रिरत्नों के प्रति अभिवादन, प्रत्युत्थान, अंजलिकर्म और सौजन्य प्रदर्शित करूँगा। मुझे त्रिरत्नपूजक समझें। इस प्रकार त्रिरत्न के प्रति अत्यधिक भक्तिपरायण होकर प्रणिपात पूर्वक जो शरण ली जाती है उसे प्रणिपात शरण कहते हैं।

बुद्ध का युग तथा तत्कालीन परिस्थितियाँ

सिद्धार्थ गौतम का जन्म 563 ई॰पू॰ के आस-पास माना गया है। इसे हम छठीं शताब्दी ई॰पू॰ का समय भी कह सकते है। यह समय विभिन्न विचार-धाराओं के उथल-पुथल का युग था और उसमें विशेषकर धार्मिक एवं दार्शनिक मतों के अनेक आंदोलन प्रमुख थे।

वैदिक युग के अंत में छठी शताब्दी ईसा पूर्व भारत में वैदिक धर्म के विरूद्ध जो आंदोलन हुए, उसे प्रतिवादी आंदोलन के अंतर्गत माना

गया। इसके मूल में कई कारण थे जिन पर प्रकाश डालना आवश्यक है–

1) वैदिक युग में अंत में जन-समाज के मन में आध्यात्मिक खोज के प्रति बहुत ही उत्सुकता थी, जैसे यूरोप में उस समय नवजागरण क युग चल रहा था। इसी नवीन विचारधारा के अग्रदूत थे परिव्राजक या श्रमण नाम से परिचित एक संन्यासी वर्ग। ये अधिकांश रूप से ब्राह्मण थे। ये पारंपरिक, पारिवारिक और समाज बंधन से मुक्त होने के लिए उद्वेलित थे। यह युग बुद्धिगत और आध्यात्मिक आलोड़न का युग था। यह नया संन्यासी वर्ग उत्तरी उपत्यकाओं में मानसिक उत्कर्ष के लिए प्रचार-कार्य में रत था।

2) वैदिक युग के अंत में ही वे प्रवृत्तियाँ काम करती आ रही थीं और आध्यात्मिक विषयों से संबंध रखने वाली विविध प्रश्नोत्तरी के आधार पर कई उपनिषद् भी रचे जा चुके थे। इसी के साथ वैदिक ब्राह्मण धर्म में नाना प्रकार के कुसंस्कारों और संकीर्णताओं का प्रवेश भी हुआ। वैदिक युग के अंत में वैदिक आर्यों के धार्मिक जीवन में ब्राह्मणों का अधिक दबदबा होने के कारण यह धर्म ब्राह्मण धर्म कहलाया। दो विभिन्न संस्कृतियाँ श्रमण-संस्कृति और ब्राह्मण संस्कृति समानांतर लक्षित हो रही थीं। गौतम बुद्ध के आविर्भाव काल तक विचार-स्वातंत्र्य को पूर्ण प्रश्रय दिया जाने लगा था। इसी कारण अनेक मतवाद भी प्रचलित हो गए। ब्राह्मण धर्म याग-यज्ञ और आचार-अनुष्ठान में सिमटकर रह गया जो धार्मिक जीवन में अस्थिरता का कारण बना। व्ययशील याग-यज्ञ से पूर्ण वैदिक ब्राह्मण धर्माचरण की पद्धति मनुष्य के मन में क्षोभ और पीड़ा का संचार कर रही थी, जो साधारण जन की समझ से परे की बात थी। याग-यज्ञ की क्रिया-कर्म इतनी व्ययशील हो जाती थी कि उसे साधारण व्यक्ति के लिए वहन करना संभव न था। याग-यज्ञ की विधि के अनुसार पशुबलि, जो व्यक्ति के मन की वेदना को उद्वेलित करता है। उपनिषद् से विकृत जीवन दर्शन को समझना या उसका अनुसरण करना साधारण जन के लिए सहज न था। इसका कारण पुरोहित-पंडितो में उपयुक्त शिक्षा और

ज्ञान का अभाव, क्योंकि याग-यज्ञ और पूजा-पाठ के लिए उन्हीं की आवश्यकता पड़ती थी। क्रमशः लोगों ने समझा कि कर्मफल और जन्मांतर मनुष्य को कभी मुक्ति नहीं दिला सकती, फलस्वरूप ब्राह्मण धर्म के प्रति लोगों की आस्था कम होती गई और वे सहज बोधगम्य और सरल धर्म के लिए उत्सुक हुए।

इतिहासकार ओल्डेनवर्ग के अनुसार बुद्ध के आविर्भाव के सैकड़ों वर्ष पहले ही भारतीय विचारधाराओं में क्रांति हुई थी जो बौद्ध धर्म के जन्म की सूचक है।

गौतम बुद्ध एवं तीर्थंकर महावीर दोनों का आविर्भाव एक ही युग में हुआ और दोनों का कर्मक्षेत्र भी प्रायः एक ही रहा। इन्होंने अपने समय की धार्मिक विचारधारा को उपयुक्त एवं व्यवहारिक रूप दिया। पर दोनों के मतों का क्रमिक विकास एवं प्रभाव की व्यापकता में अंतर था, जो स्वाभाविक ही था।

3) भगवान बुद्ध के कर्मकांड, बाह्यांडबरों की प्रतिक्रिया में अपनी साधना प्रारंभ की थी, जिसके विरोध के बीज बहुत पहले अथवा कदाचित् उपनिषद् साहित्य के रचनाकाल से ही पड़ चुके थे। उनके समय तक दुखवाद, क्षणिकवाद, कर्मवाद आदि का संकेत मिला था, साथ-ही न्याय, सांख्य एवं योग-दर्शनों का प्रवेश भी हो चुका था। इस परंपरा के पोषक श्रमण संसार और कर्मफल में विश्वास करते थे एवं उनका वेद द्वारा मान्य समाज व्यवस्था और धर्मीय आचार-अनुष्ठानों के प्रति तीव्र विरोध था। वे ब्राह्मणों द्वारा मान्य वर्ण-व्यवस्था की उच्चता एवं बहुदेवी-देवताओं के अस्तित्व को स्वीकार नहीं करते थे एवं मोक्ष प्राप्ति के लिए अहिंसा और सदाचार का प्रचार करते थे।

जीवन की प्रमुख समस्याओं के विषय में इन संसार त्यागी संन्यासियों का ध्यान वैदिक ब्राह्मण धर्मीय भित्ती को दुर्बल करना था। प्रकृत रूप से भी इन विरोधी आंदोलनों के मूल में एक नवीन दार्शनिक विचारधारा का जन्म हुआ।

वेद-विरोधी धर्म संप्रदाय का विकास आजीविक संप्रदाय से माना जाता है। इस संप्रदाय के नेता मक्खलिगोशाल माने जाते हैं। ये महावीर के मित्र भी थे। आजीविक नास्तिक, नियतिवादी, अकर्मण्यतावादी एवं देववादी कहे जाते हैं। ब्राह्मण धर्म की समालोचना के लिए पाँचवीं से तृतीय शताब्दी ई०पू० तक यह संप्रदाय जनसाधारण में बहुत-ही लोकप्रिय हुआ। इनका प्रभाव समाज के निम्न-वर्ग पर अधिक पड़ा।

4) इस प्रतिवादी आंदोलन के सामाजिक कारण भी थे। ब्राह्मण धर्म की तरह ही ब्राह्मण शासित समाज में भी विविध प्रकार की संकीर्णताएँ और अनाचार का प्रवेश हो रहा था। ब्राह्मणों का प्राधान्य और समाज द्वारा मर्यादित साधारण लोगों और राजनीतिक सत्ता सम्पन्न क्षत्रियों में अहेतुक-सा प्रतीत होता था एवं उनके मन में क्षोभ का भाव था। समाज में ब्राह्मणों को सर्वोच्च स्थान प्राप्त था। वे विविध प्रकार के विधि-निषेधों द्वारा कुसंस्कारों को बढ़ावा दे रहे थे। धर्म के नाम पर प्रचुर धर्म संपदा के अधिकारी हो विलास-व्यसनों में अधिक लिप्त होते जा रहे थे। वे कर-भार और श्रमभार से मुक्त थे। इस प्रतिवादी आंदोलन में क्षत्रियों का नेतृत्व विशेष महत्वपूर्ण रहा।

तथागत का पितृकुल शाक्य वंशीय था, इसी कारण इन्हें शाक्य मुनि अथवा शाक्य सिंह के नामों से भी पुकारते थे और "गौतम शब्द" उनके गोत्र का सूचक था। इनके जन्मकाल के समय आर्यों में चातुर्वण्य की भावना प्रबल रूप में प्रतिष्ठित थी।

शूद्रों को जातिभेद प्रथा के फलस्वरूप सामाजिक सम्मान प्राप्त नहीं था जबकि क्षत्रिय वर्ग की ही तरह वैश्यों और शूद्रों ने भी ब्राह्मण धर्म और ब्राह्मणों की प्रतिपत्ति के विरुद्ध आवाज उठाई।

5) आर्थिक जीवन की दृष्टि से भारत के विभिन्न दक्षिणी प्रदेशों तथा कई बाहरी देशों का भी उत्तरी भारत के साथ संपर्क स्थापित हुआ। नए नगरों का विकास तथा सामूहिक व्यवसाय प्रणाली का विकास भी प्रारंभ हुआ। कृषि, अर्थनीति की समृद्धि के लिए पशुबलि प्रथा

बंद करने का प्रयास हुआ। गौ संपदा की रक्षा के लिए कृषक तथा वैश्य, ब्राह्मण धर्म के विरूद्ध होने के कारण उत्तर भारत के साथ भी व्यापारिक लेन-देन बढ़ा। निष्कर्षत: कहा जा सकता है कि सामाजिक और आर्थिक जीवन के विवर्त्तन के लिए, नागरिक और शिल्पी कारीगरों का उद्भव, व्यवसाय-वाणिज्य का प्रसार भारत के धार्मिक जीवन में एक गंभीर प्रतिक्रिया की सृष्टि के फलस्वरूप हुई।

नगर के नए नागरिक समूह में आशा और आकांक्षाओं के साथ शीलरक्षा, नाना दार्शनिक मतवादों और धार्मिक संप्रदायों का उद्भव हुआ और अंत में जैन और बौद्ध धर्म का आविर्भाव हुआ।

6) धार्मिक स्थिति तथा साहित्यिक प्रवृत्तियाँ – प्राचीन ग्रंथों को देखने से पता चलता है कि गौतम बुद्ध के आविर्भाव के समय उत्तरी भारत के निवासियों का धार्मिक जीवन विविधता व बहुरूपता से भरा था। एक वर्ग वैदिक आदर्शों का अनुकरण करने वाला था, दूसरा वर्ग इस प्रकार के बंधनों से बहुत कुछ मुक्त था जो संभवत: प्रचलित धार्मिक परंपराओं और अंधविश्वास पर ही निर्भर था। ये देवताओं की उपासना में विश्वास करते थे और "देवधम्मिक" अथवा "देववतिक" कहलाते थे इनमें व्यक्ति की श्रद्धा का अंश अधिक रहता था। "चुल्लनिद्देस" आदि ग्रंथों में इसका उल्लेख आया है।

बौद्ध धर्म के प्रारंभिक इतिहास में रूप ब्रह्म और "अरूपब्रह्म" दो प्रकार के देवों को स्वीकार किया गया है। ये उच्च श्रेणी के देव हैं और इसके नीचे आने वाले देवों को "कामावचार देव" की संज्ञा दी जाती थी। "अरूपब्रह्म" की पहुँच स्वयं गौतम बुद्ध तक भी नहीं थी, क्योंकि उसके ऊपर उन बौद्ध संतों को स्थान दिया जाता था जो "अरित्र" कहलाते थे और बुद्ध इनके भी ऊपर थे। जैन धर्म के प्रारंभिक रूप में "जिन" को सबसे उच्च स्थान प्राप्त था, उनके नीचे उनके शिष्य थे। उत्तरी भारत में उन दिनों "परिव्राजकों" के भी कई संप्रदाय प्रचलित थे।

गौतम बुद्ध के समय आलार कालाम तथा उद्दक रामपुत्र नामक दो प्रसिद्ध योगी थे जिनसे उन्होंने राजगृह से उरूवेला की ओर यात्रा करते समय योग साधना सीखी थी। [मज्झिम निकाय (2)]।

डॉ॰ विंटरनित्स ने माना है कि इस समय साहित्य-निर्माण की कोशिश नहीं हुई थी। "धम्मपद", "उदान", "इतिवुत्तक" आदि में "बुद्धवचन" संग्रहित माने जाते हैं जो बुद्ध द्वारा दिए गए मौखिक उपदेश हैं जो उस समय की परंपरा थी।

बौद्ध-धर्म : हिन्दू धर्म की निष्पत्ति

हिन्दुओं ने शाक्य मुनि को ईश्वर के रूप में ग्रहण किया है और वे उनकी पूजा करते हैं। शाक्य मुनि ने कोई नयी शिक्षा नहीं दी वरन् वह हिन्दू धर्म की निष्पत्ति थी जो उनकी तार्किक परिणति और युक्तिसंगत विकास का ही परिणाम था। हिन्दू धर्म के प्रमुख दो भाग हैं कर्मकाण्ड और ज्ञानकाण्ड।

ज्ञानकाण्ड का विशेष अध्ययन संन्यासी वर्ग ही करता है। ज्ञानकांड में जातिभेद नहीं है। उच्च या नीची दोनों ही जाति संन्यासी हो सकते हैं। धर्म जाति भेद को नहीं मानता है वह तो एक सामाजिक संस्था मात्र है। शाक्य मुनि ने अप्राप्य वेदों से निकालकर सत्य को समस्त संसार में फैलाया और सबसे पहले धर्मप्रचार की प्रथा चलायी साथ-ही मनुष्य को दूसरे धर्म से अपने धर्म में दीक्षित करने का विचार भी किया।

तथागत अज्ञानी तथा दीन के प्रति सहानुभूति रखते थे। बुद्ध ने पंडितों के ग्रंथों की संस्कृत भाषा न अपनाकर जनभाषा में ही अपना उपदेश दिया। बुद्ध ने सदैव यही कहा "मै दरिद्र और साधारण जनों के लिए आया हूँ, अत: जनभाषा में ही मुझे बोलने दो।" इसी कारण उनके अधिकांश उपदेश भारत की तत्कालीन लोकभाषा पाली में पाये जाते हैं।

जब तक मनुष्य में दुर्बलता है तब तक इस संसार में ईश्वर के प्रति विश्वास विद्यमान रहेगा। बुद्ध के शिष्य दो श्रेणियों में विभक्त थे- उपासक और भिक्खु। जो शिष्यत्व ग्रहण करके संसार धर्म पालन करते हैं वे उपासक और जो संन्यास धारण करते थे वे भिक्खु कहलाते थे।

बौद्ध धर्म के पतन का कारण

हर्षवर्धन के राज्यकाल के बाद से ही बंगाल और बिहार को छोड़कर भारतीय उपमहाद्वीप में बौद्ध अनुयायियों का पतन ही हुआ। इसके कई कारण रहे–

☆ मौर्यकाल के अवसान के बाद से ही बौद्ध धर्म को क्रमशः राजकीय सहायता मिलनी बंद हो गई। कनिष्क और हर्षवर्धन को छोड़कर किसी दूसरे राजा ने इस धर्म को प्रतिष्ठा नहीं दी। ब्राह्मण धर्म के प्रति गुप्त सम्राट का प्रेम और शंकराचार्य कुमारिल भट्ट के हिन्दू संस्कारों ने बौद्ध धर्म विरोधी आंदोलन को दुर्बल कर दिया था।

☆ बौद्ध धर्म में महायान संप्रदाय के उद्भव और मूर्तिपूजा का प्रचलन होने के कारण हिन्दू और बौद्धों के मध्य बहुत कम अंतर रह गया। हिन्दू बुद्ध को नवाँ अवतार मानने लगे। अतः हिन्दू धर्म के साथ बौद्ध धर्म की अभिन्नता प्रमाणित होने लगी।

☆ बुद्ध के देहत्याग के एक सौ वर्षों के बीच बौद्ध धर्मावलम्बियों के मध्य परस्पर विरोधी संप्रदायों का उद्भव होने से बौद्ध धर्म की एकता और संगति में कमी आई। पतन बढ़ता गया और बौद्ध धर्म को मार खानी पड़ी।

☆ अशोक के समय से ही बौद्धों की सृजन शक्ति में कमी आ गई थी। चतुर और कट्टर हिन्दू संस्कारों के बीच बौद्ध चिन्तन जगत में प्रतिद्वन्द्विता के क्षेत्र में असफल होते गए। प्रकृत रूप से कनिष्क के बाद भारत में प्रतिभासंपन्न बौद्ध पंडितों या संन्यासियों का भी अभाव हो गया। बौद्ध संघ में विविध प्रकार की दुर्नीति और अनाचार के प्रवेश से जनमानस के बीच बौद्ध धर्म के विरुद्ध विद्रोह की आवाज उठाई गई। इस दुर्नीति का प्रमुख कारण था बौद्ध मठ या संघ में अर्थ और सम्पत्ति का आधिक्य और अहैतुक राज्यानुग्रह। ईसा की तृतीय शताब्दी में तुर्की का भारत पर आक्रमण, बौद्ध मठों का पतन एवं असंख्य बौद्धों का इस्लाम धर्म

में धर्मांतरण के कारण भारत में बौद्ध धर्म प्रायः विलुप्त-सा हो गया किंतु बौद्ध धर्म आज भी सिंहल, चीन, जापान, इंडोनेशिया में विद्यमान है। जापान जैसे देश में पिछले हजार बारह सौ वर्षों से बौद्ध धर्म आज भी जीवित है।

भारत में ईसवी सन् के प्रारंभ में बुद्ध और ब्राह्मणों में बड़े वाद-विवाद हुए, उनमें शंकराचार्य ने बौद्ध धर्म का खंडन किया और पुनः ब्राह्मण धर्म की स्थापना से हिन्दुओं में वैदिक ब्राह्मणों के प्रति यह भ्रांत धारणा हो गई कि यज्ञ-याग का विध्वंस करने हेतु ही बुद्ध का अवतार हुआ। एडविन अर्नाल्ड के काव्य-ग्रंथ "लाइट ऑफ एशिया" में भी इसका वर्णन आया है। जयदेव ने "गीत गोविन्द" के प्रारंभ में ही कहा है–

निन्दसि यज्ञ विधेरहह श्रुतिजातं।
सदय हृदयर्शित पशुघातं।
केशव घृतबुद्ध शरीर जय जगदीश हरे।।

परंतु आज बुद्ध की पूजा एवं वंदना उनके मूर्ति रूप में की जाने लगी है और उनकी शिक्षा मनुष्य जीवन के लिए संपूर्ण विश्व में उपयोगी समझी जा रही है।

❑❑❑

अध्याय–2

बुद्ध की जीवन यात्रा और उनका धर्मदर्शन

बुद्ध की जीवन यात्रा और उनका धर्मदर्शन

1. हल-कर्षणोत्सव
2. यौवन
3. पूर्व निमित्त
4. तपस्या
5. देशना
6. भगवान बुद्ध के लक्षण और गुण
7. चार वैशारथ
8. अर्हत, बुद्ध
9. मध्यम प्रतिपदा
10. चार आर्यसत्य
11. सैंतीस बोधिपाक्षिक धर्म
12. चार स्मृति प्रस्थान
13. चार सम्यक् प्रधान
14. चार ऋद्धिपाद
15. पाँच इन्द्रिय-पाँच बल
16. सात बोध्यंग
17. शील-समाधि-प्रज्ञा
18. प्रतीत्यसमुत्पाद
19. अनित्य दुख अनात्म
20. पाँच उपादान स्कन्ध
21. षडायतन
22. मिथ्या दृष्टि
23. अव्याकृत
24. निर्वाण

बुद्ध की जीवन यात्रा और उनका धर्मदर्शन

छठीं शताब्दी ईसा पूर्व भारतीय जीवन में धर्म और चिन्तन दोनों स्तरों पर उच्छृंखलता की स्थिति थी। रूढ़ पद्धतियों में तरह-तरह की जटिलताएँ आ गई थीं। इस समय एक ओर आध्यात्मिक विषयों को संदेह की दृष्टि से देखा जाता था, दूसरी ओर धर्म एवं रूढ़ियों के प्रति अंधविश्वास था। विचार के साथ सदाचार का भी ह्रास हो रहा था। धर्म के बाह्य अनुष्ठानों पर अधिक जोर दिया जाता था तथा परलोक की कामना के प्रयत्न किए जाते थे। बुद्ध की दृष्टि सामाजिक बुराइयों की ओर भी गई। उन्होंने जनता को अनाचार से सदाचार की ओर मोड़ा तथा मानवता के प्रति लोगों का आदर भाव बढ़ाया।

बुद्ध ने जन्मना वर्णव्यवस्था को शोषण का कारण मानते हुए कर्मणा व्यवस्था के सिद्धांत का प्रतिपादन किया। आत्मा संबंधी विवाद को व्यर्थ बतलाया। आत्मा आदि को अव्याकृत की कोटि में रखकर बालू के रेत के कणों को तौलने के समान अनुपयोगी कहा। गृहस्थों के लिए पंचशील का प्रतिपादन किया। संघ में ब्रह्ममचर्य की प्रतिष्ठा की। भिक्षु-भिक्षुणियों को सदाचार में प्रतिष्ठित करने के लिए विभिन्न नियमों का प्रतिपादन किया।

भगवान बुद्ध का जन्म वैशाख पूर्णिमा के दिन लुम्बिनी नामक उद्यान वर्तमान रूमिनदेई में माना जाता है। इनके बचपन का नाम सिद्धार्थ था। बुद्धत्व प्राप्ति के पश्चात् इनको बुद्ध की संज्ञा प्राप्त हुई थी। जातक अट्ठकथा में वर्णित है कि भगवान् बुद्ध ने जन्म के पूर्व क्षेत्र, स्थान, माता-पिता आदि के संबंध में विचार किया, पश्चात् जन्म लिया। यह विचार किया कि बुद्ध के अनुकूल जम्बू द्वीप ही है और उसमें मध्यप्रदेश के कपिलवस्तु को उपयुक्त समझकर जन्म लेना निश्चित किया। इसी प्रकार कुल का विचार करते हुए क्षत्रिय कुल को लोकमान्य पाया और शुद्धोदन नामक राजा के यहाँ जन्म लेने का निश्चय किया।

माता का विचार करते हुए कि बुद्धों की माता चंचल और शराबी नहीं होती। लाखों कल्पों से पारमिता को पूरा करने वाली, पंचशील रखने वाली होती है। ऐसा सोचते हुए इस रूप में महामाया नामक देवी को माता के रूप में उपयुक्त पाया। महामाया देवी दस मास गर्भ के परिपूर्ण होने पर नैहर जाने की इच्छा से जब कपिलवस्तु से देवदह नगर को जा रही थी, बीच में लुम्बिनी वन में सुन्दर साल वृक्ष के नीचे प्रसव वेदना हुई और खड़े-खड़े गर्भ उत्थान हो गया। महाब्रह्मा ने आकर कहा देवी संतुष्ट हो, तुम्हें महाप्रतापी पुत्र हुआ है। बालक जमीन से उठकर खड़ा हो गया और उसने कहा मैं संसार में श्रेष्ठ हूँ। वर्णित है कि जिस समय बोधिसत्व उत्पन्न हुए, उसी समय छन्दक, कालउदायी, अमात्य, गजराज, कन्थक, अश्वराज, महाबोधि वृक्ष और खजाने भरे चार घड़े उत्पन्न हुए।

ब्राह्मणों ने बालक के लक्षणों को देखकर आश्चर्य व्यक्त किया। कालदेवल नामक तपस्वी ने जब बोधिसत्व को प्रणाम किया तो राजा ने भी पुत्र की वंदना की। तापस के चेहरे पर प्रसन्नता और विषाद दोनों के लक्षण दिखाई दिए। राजा द्वारा इसका कारण पूछने पर उसने बताया कि यह बुद्ध अवश्य होगा इस कारण प्रसन्न है, लेकिन उसके विषाद का कारण यह है कि इस अद्‌भुत पुरुष को बुद्ध रूप में नहीं देख सकेगा, निदान कथा में यह वर्णन मिलता है। ब्राह्मणों ने भविष्यवाणी की कि यह व्यक्ति गृहस्थ रहा तो चक्रवर्ती राजा और प्रव्रजित हुआ तो बुद्ध होगा। सिद्धार्थ बोधिसत्व अनन्त परिवार नैतिक शोभा और श्री के साथ बढ़ रहे थे, उस समय कुछ महत्वपूर्ण घटनायें घटित हुईं जो उल्लेखनीय हैं-

हल-कर्षणोत्सव

एक बार जब राजा की खेती बोने का उत्सव हो रहा था, बोधिसत्व भी उपस्थित थे। लेकिन बोधिसत्व इधर-उधर न देख श्वास-प्रश्वास को रोक प्रथम ध्यान में स्थित हुए। उस समय सभी वृक्षों की छाया घूम गई किन्तु बोधिसत्व जिस जम्बू वृक्ष के नीचे बैठे थे, उस वृक्ष की छाया गोलाकार ही रही, जिसके आधार पर सभी ने सिद्धार्थ को चमत्कारिक माना।

यौवन

राजा का प्रयास था कि सिद्धार्थ चक्रवर्ती राजा ही बने, बुद्ध नहीं। इसलिए राजा शुद्धोदन ने सिद्धार्थ को संसार में आसक्त रखने के लिए सभी प्रयास किए। सिद्धार्थ का विवाह यशोधरा से कर दिया था। 44000 नृत्य करने वाली स्त्रियों को नियुक्त किया। सिद्धार्थ अलंकृत नटियों से परिवृत्त स्त्रियों द्वारा बजाये गए वाद्यों से सेवित महासम्पत्ति का उपभोग करते हुए विहार करते थे।

सिद्धार्थ का कला को न सीखने और सदैव भोगों में लिप्त रहने से समाज में यह चर्चा होनी लगी कि वे युद्ध आने पर क्या करेंगे? तब सिद्धार्थ ने अपना शिल्प दिखाने के निमित्त सभा बुलवाई। सिद्धार्थ ने अक्षण वेध, बालवेध जानने वाले धनुर्धारियों को एकत्रित कर लोगों के मध्य में अन्य धनुर्धारियों से बारह प्रकर के शिल्प दिखाए, जिससे सभी लोग संतुष्ट हुए।

मान्यता है कि बुद्धत्व प्राप्ति के पूर्व सिद्धार्थ कुमार ने चार पूर्व निमित्त देखे, जिसके कारण उनको संसार से वैराग्य उत्पन्न हुआ।

प्रथम, एक देवपुत्र को जर्जरित, टूटे दाँत, पके केश, टेढ़े-मेढ़े झुके शरीर, हाथ में लकड़ी लिए हुए बूढ़े व्यक्ति को देखा जिसे देखकर सिद्धार्थ ने सारथी से पूछा, यह कौन हैं? जिसके उत्तर में सारथी ने बताया कि यह बूढ़ा व्यक्ति है। यह अवस्था एक दिन सभी को प्राप्त होती है। हमलोग भी एक दिन बूढ़े होंगे। सिद्धार्थ ने सुनकर इस जन्म को धिक्कारा कि यह शरीर नश्वर है और उद्यान न जाकर घर वापस लौट पड़े।

द्वितीय, सिद्धार्थ ने एक रोगी पुरुष को देखा और उद्विग्न हृदय से महल को लौट आए।

तृतीय, एक मृतक को देखा। चतुर्थ, उन्होंने एक संन्यासी को देखा तथा उनकी संसार के प्रति विरक्ति हो गई।

यशोधरा को पुत्र-रत्न की प्राप्ति हुई, जिसका समाचार सुनकर सिद्धार्थ ने उत्तर दिया कि राहुल अर्थात् "बंधन" पैदा हुआ है। शुद्धोदन ने बालक का नाम राहुल रखा। वर्णित है कि एक समय जब सिद्धार्थ

नगर भ्रमण कर रहे थे तो कृशागौतमी ने कहा कि वे माता, पिता, नारी धन्य हैं जिनके पुत्र और पति हैं। ऐसा सुनकर बोधिसत्व ने विकल्प किया कि किसके होने पर हृदय शांत होता है। उन्होंने चिंतन किया कि राग-अग्नि, द्वेष-अग्नि एवं मोह-अग्नि के शांत होने पर हृदय परमशांत होता है। उन्होंने सोचा कि अब उन्हें गृहवास छोड़कर प्रव्रजित हो जाना चाहिए तथा अपना कीमती हार गुरु-दक्षिणा के रूप में कृशागौतमी के पास भेजा। उसने कीमती हार स्वीकार करते हुए सोचा कि सिद्धार्थ मेरे ऊपर अनुरक्त हैं। अभिनिष्क्रमण के समय सिद्धार्थ यशोधरा के पास गए। पुत्र के जागने के भय से बिना बोले ही चले गए। बोधिसत्व के निष्क्रमण के समय इन्द्र ने दिव्य शक्ति से सभी सुविधाओं का प्रबंध किया।

तपस्या

अभिनिष्क्रमण के पश्चात् सिद्धार्थ ने विभिन्न आचार्यों के पास जाकर ज्ञान प्राप्त करने का निश्चित किया। इनकी तपस्या के संबंध में वर्णित है कि इन्होंने इतनी कठोर तपस्या की कि वे अत्यंत कृशकाय हो गए थे। उनका मांस सूख गया था और हड्डियाँ शेष रह गयी थी। जब अपना पेट पकड़ते थे तो लगता था जैसे वे अपनी पीठ पकड़ रहे हैं। (मज्झिम निकाय, हिन्दी पृ० 50) इसी काल में वे अलारक राम और उद्दक रामपुत्र के पास गए और उनसे कुछ ध्यान की प्रक्रियाएँ भी सीखीं लेकिन इनसे उनका समाधान न हुआ और उन्होंने तपस्या छोड़ दी। भगवान् बुद्ध ने इस बात पर संतोष व्यक्त किया है कि अच्छा हुआ जो उन्होंने अनर्थकारी दुष्कर तपस्या छोड़ दी। ऐसा कर मार ने भी उनसे कहा कि वे तप कर्म से दूर होकर शुद्धि के मार्ग से हट गए हैं, जिसके उत्तर में उन्होंने मुक्तिलाभार्थ तपस्या को उसी प्रकार व्यर्थ बतलाया जैसे जमीन पर पड़ी हुई बिना पतवार की नाव।

मज्झिम निकाय में इनकी दुष्कर तपश्चर्या के विषय में कहा गया कि वे तपस्वियों में तपस्वी, रूक्षाचारियों में परम रूक्षाचारी, जुगुप्सियों में परम जुगुप्सी तथा विवेकों में विविक्त थे। उन्होंने अनुभव किया कि लोक घोर दुःख में पड़ा है। पैदा होना, बूढ़ा होना, मरना, जन्म लेना यह

सब दु:ख है। प्राणी दु:ख के छुटकारों को नहीं जानता। इसलिए उन्होंने निश्चय किया कि वे दु:ख के निवारण को जानेंगे। इसके बाद उन्होंने दु:ख, दु:ख-समुदय और उसके निरोध का ज्ञान प्राप्त किया। निदान कथा के अनुसार बुद्धत्व की प्राप्ति का दावा उन्होंने त्रिविधा के ज्ञान के बाद किया। वैशाख पूर्णिमा की रात्रि के प्रथम प्रहर में पूर्वजन्म का ज्ञान प्राप्त किया, दूसरे प्रहर में दिव्य चक्षु को विशुद्ध किया और अंतिम प्रहर में प्रतीत्यसमुत्पाद के ज्ञान का साक्षात्कार किया। उस समय अनेक आश्चर्यजनक घटनाएँ अनुभूत हुई–

अनेकजाति संसारं संधाविस्सं अनिब्बिसं
गहकारकं गवेसन्तो दुक्खॉ जाति पुनप्पुनं
गहकारकं! विद्ठासि पुन गेहं न काहसि
सब्बा ते फासुका भग्गा, गहकुटं विसंखितं
विसंखार गतं चितं तन्हानं, खय मज्झागा।

भगवान् बुद्ध ने उदान कहा, जिसे प्रथम बुद्धवचन कहा गया है। भगवान् ने जब स्वयं को अनुत्तर सम्बुद्ध घोषित किया, उस समय विभिन्न ज्ञानों का साक्षात्कार हुआ है – चार आर्यसत्य का ज्ञान, उपादान स्कन्ध, षडायतन, पाँच-इन्द्रियों का ज्ञान, ऋद्धिपाद की भावनाओं के मार्ग का ज्ञान।

बुद्धत्व-प्राप्ति के पश्चात् भगवान् बुद्ध ने उपदेश के प्रति कोई उत्सुकता प्रदर्शित नहीं की उन्होंने सोचा कि सांसारिक लोग जो काम आसक्ति में रत और प्रसन्न हैं, उनके लिए धर्म अनुकूल नहीं है क्योंकि उनका धर्म गंभीर, दूरदर्शी, दुर्जेय, शांत, तर्क से परे, निपुण पंडितों के जानने योग्य है और प्राणियों का उसे न समझना उन्हें पीड़ादायक होगा। भगवान् की इस अल्प उत्सुकता को देख ब्रह्मा ने सोचा कि यदि तथागत अर्हत्सम्यक् सम्बुद्ध धर्म का उपदेश नहीं करेंगे तो लोक नष्ट हो जायेगा। वह अन्तर्ध्यान हो भगवान् बुद्ध के पास उपस्थित हुए। उन्होंने भगवान् को विधिपूर्वक प्रणाम कर निवेदन किया कि भगवान् उपदेश दें। संसार में ऐसे भी प्राणी है जो अल्प मल वाले एवं परलोक से डरते हैं। धर्म का श्रवण न करने से नष्ट हो जायेगा और निवेदन किया कि धर्म को

जानने वाले भी मिलेंगे। ब्रह्मा के निवेदन पर भगवान् ने प्राणियों को दया के निमित्त संसार को बुद्धनेत्र से देखा। भगवान् ने देखा कि संसार में विविध प्रकार के प्राणी हैं– अल्पमल, तीक्ष्णबुद्धि, सुन्दर स्वभाव वाले, शीघ्र समझने वाले तथा परलोक एवं पाप से भयभीत। इस स्थिति को देखते हुए भगवान् ने कहा कि पहले उन्होंने मनुष्यों की पीड़ा का ध्यान रखकर निपुण उत्तम धर्म का उपदेश नहीं दिया था। अब उनके लिए अमृत का द्वार खुल गया है, जो कान वाले हैं, वे श्रद्धापूर्वक सुनें।

भगवान् बुद्ध ने अपना प्रथम उपदेश पंचवर्गीय भिक्षुओं को दिया और भगवान् ने दो अंतों के त्याग एवं मध्यवर्गीय मार्ग के सेवन की बात कही। साथ ही चार आर्यसत्यों के साथ आर्यअष्टांगिक मार्ग का उपदेश दिया। ऋषिपत्तन में ही विहरते हुए भगवान् ने भिक्षुओं को आमंत्रित किया कि एक साथ दो मत जाओ। आदि, मध्य और अंत में कल्याण कारण इस धर्म का उपदेश करो। ब्रह्मचर्य का प्रकाश करो, जिससे धर्म के इच्छुक व्यक्तियों की हानि न हो। इस प्रकार "बहुज़न हिताय बहुजन सुखाय" विचरण करने का आदेश दिया। उसके पश्चात् भगवान् चार माह वर्षावास को छोड़कर विचरण करते हुए उपदेश देते रहे जिन्हें भिक्षु बुद्ध वचन के रूप में कंठस्थ करते जाते थे। बाद में, बुद्ध वचनों का संगायन संगीतियों में किया गया, जिन्हें आज हम प्रामाणिक रूप से पालि त्रिपिटक में पाते हैं।

देशना

मार ने प्रारंभ से ही भगवान् को उपदेश देने में बाधा पहुँचानी चाही थी। जब भगवान् ने भिक्षुओं को लोकानुकम्पार्थ विचरने के लिए आदेश दिया तो मार ने आकर कहा कि वे दिव्य लोक और मनुष्यों के बंधन से बंधे हुए हैं और अनुरोध-विरोध के चक्कर में फँसे हैं, जिसके उत्तर में भगवान् ने कहा कि उनका उद्देश्य प्राणियों पर अनुकम्पा है। भिक्षु भी धर्मप्रचार के लिए तत्पर रहते थे। आयुष्मान पूर्ण भिक्षु द्वारा सूनापरांत जनपद में जाने की इच्छा व्यक्त करने पर भगवान् ने सूनापरांत के लोगों की दृष्टता का वर्णन करते हुए कहा कि वे लोग चंड और रूखे हैं, गाली देंगे, डाटेंगे। जिसके उत्तर में भिक्षुक ने संतोष व्यक्त किया कि वह

सोचेगा कि सूनापरांत के लोग भद्र हैं कि वे मारते-पीटते नहीं है। मारने-पीटने पर वह सोचेगा कि अच्छे हैं कि वे ढेले से नहीं मारते, ढेले से मारने पर सोचेगा कि लाठी से नहीं मारते। लाठी से मारने पर सोचेगा कि लोग हथियार से नहीं मारते, हथियार से मारने पर सोचेगा कि जान से नहीं मारते और जान से भी मारने पर सोचेगा कि अच्छा ही है कि जल्लाद की आवश्यकता नहीं पड़ेगी। इस प्रसंग में भिक्षु पूर्ण की धर्मपरायणता पता चलती है। वह अंत में भगवान् की आज्ञा पाता है और सूनापरांत जनपद में धर्मप्रचार करता है।

भगवान् बुद्ध के लक्षण और गुण

भगवान् बुद्ध को 32 लक्षण, 10 बल, 4 वैशारथ एवं विभिन्न कीर्तिसूचक शब्दों से अभिहीत किया जाता है जिसका विवरण दीर्घ निकाय में मिलता है–

दसबल

दस बलों का वर्णन इस प्रकार मिलता है–

1) स्थान को स्थान के रूप में तथा अस्थान को अस्थान के रूप में यथार्थतः जानना।
2) अतीत, वर्तमान तथा अनागत के कर्मो को स्थान हेतु एवं विपाक को दृष्टि से जानना।
3) सर्वत्र गामिनी-प्रतिपदा को ठीक से जानना।
4) अनेक धातु तथा नाना धातु वाले लोक को जानना।
5) नाना अधिमुक्ति वाले प्राणियों को जानना।
6) सत्वों, पुद्गलों का इन्द्रियों के परत्व-अपरत्व को ठीक से जानना।
7) ध्यान विमोक्ष, समाधि समापत्ति के संक्लेश, व्यवधान और उत्थान को ठीक से जानना।
8) पूर्व जन्मों का स्मरण करना।
9) दिव्य चक्षु से प्राणियों को उत्पन्न होते हुए एवं मृत्यु प्राप्त होते देखना।

10) आस्त्रवों का क्षय कर आस्त्रवों रहित साक्षात्कार विमुक्ति तथा प्रज्ञा विमुक्ति का इसी जन्म में साक्षात्कार कर विहरना।

चार वैशारथ

1) भगवान् ने अपने आपको सम्यक् सम्बुद्ध कहा। सभी धर्मों का बोध किया, इसमें कोई संदेह नहीं।

2) अपने को क्षीणास्त्रव कहा, इसमें कोई संदेह नहीं।

3) जो अन्तराय कर्म कहे गए हैं, उनकी सच्चाई में संदेह नहीं।

4) जिस दुःख, क्षय के उद्देश्य के लिए धर्म का उपदेश किया, उसमें कोई संदेह नहीं हैं।

भगवान् बुद्ध को 32 महापुरुषों के लक्षणों से युक्त कहा जिनका विस्तृत वर्णन दीर्घ निकाय में मिलता है। भगवान् की स्तुति से संबंधित प्रसंगों में भी उनके गुणों पर प्रकाश डाला गया है। प्रसिद्ध कीर्तिसूचक वचन में कहा गया है कि वे भगवान्, अर्हत्-सम्यक्-सम्बुद्ध, विद्या चरण-संपन्न, सुगत, लोकविद्, अनुत्तर, पुरुषदम्य सारथी, देव, मनुष्यों के शास्ता हैं। इन कीर्तिसूचक वचन का प्रयोग श्रद्धाइंद्रिय के रूप में होता है।

"भगवान्" बुद्ध का विशेषण है, जो बोधिज्ञान के बाद प्रज्ञावान होता है। ईश्वर धर्म से युक्त रहने पर भगवान् कहा जाता है। राग आदि भग्न कारक धर्मों के नाश करने वाले होने से, भक्तों में रमण करने वाला होने से भी भगवान् कहा है।

अर्हत्

सभी क्लेश, शत्रुओं को हत करने से बुद्ध को अर्हत् कहा गया।

बुद्ध

विशेष ज्ञान के जानने योग्य अभिज्ञाओं को जानने, भावना करने योग्य धर्मो की भावना करने, प्रदान करने योग्य धर्मों को ग्रहण करने से बुद्ध कहा है। सम्यक् सम्बुद्ध वही है जो ठीक दृष्टि से चार सत्यों सहित सभी धर्मों को जानता हो।

विद्याओं एवं चरण से युक्त होने पर विद्याचरण से सम्पन्न कहे गये हैं। भगवान् आठ दिशाओं में पुरुषों को हाँकते हैं। इसलिए अनुत्तर पुरुष दम्य सारथी कहे गये हैं और अनुशासन करने के कारण उन्हें शास्ता कहा गया है।

मध्यम प्रतिपदा

बुद्ध का धर्म मध्यम प्रतिपदा कहलाता है। मध्यम मार्ग के रूप में दो अंतों का त्याग अनिवार्य है। ये दो अंत हैं– काम सुख का सेवन एवं आत्मपीड़ा वाली कठोर तपस्या इन्हें हीन, ग्राम्य और पृथक् जनों के अनुकूल अनार्य एवं अनर्थ करने वाली तथा मध्यम मार्ग के रूप में आर्य अष्टांगिक मार्ग का प्रतिपादन किया था।

विचारों के क्षेत्र में भी भगवान् ने दो दृष्टियाँ-श्वाश्वत् एवं उच्छेद त्यजनीय बताई थीं। शाश्वत् दृष्टि नित्य आत्मा की सत्ता स्वीकारती है। उच्छेद दृष्टि संसार को नाशवान् स्वीकार करती है।

भगवान् बुद्ध के समय सामाजिक स्थिति इतनी बिगड़ गई थी कि लोग कर्मफल एवं पुनर्जन्म आदि को न मानकर कामसुख में लीन थे। कोई कठिन तपस्या से मुक्ति मानकर अपने को कष्ट देने में लगा हुआ था। भगवान् बुद्ध ने स्वयं दो अंतों का अनुभव अपने बुद्धत्व काल के पूर्व किया था। पालि साहित्य में वर्णित है कि राजा शुद्धोदन ने पूरा प्रयास किया था कि सिद्धार्थ सांसारिक आसक्तियों में लगे रहे, लेकिन उन्होंने काम-भोगों का उपभोग करके उसमें किसी प्रकार के चिर सुख का अनुभव नहीं किया। उनकी अनित्यता समझकर उन्हें त्याग दिया। इसके पश्चात् तपस्या में भी उन्होंने इतनी कठोर तपस्या की कि उनके शरीर का अस्थिपंजर मात्र शेष रह गया था और उसमें भी लाभ न देखकर बोधि की ओर उन्मुख हुए।

चार आर्य सत्य

भगवान् बुद्ध का दर्शन सम्यक् दृष्टि मूलक था। सम्यक् दृष्टि से तात्पर्य यथार्थ ज्ञान से है। चार आर्यसत्यों के ज्ञान को सम्यक् दृष्टि कहा गया है जिसमें बौद्ध धर्म-दर्शन के सभी अंगों का समावेश होता है। ये चार आर्यसत्य तथ्य हैं, अवितथ हैं, हूबहू ऐसे ही हैं, इसलिए देव, मार,

ब्रह्मा सहित इस लोक में एवं श्रमण ब्राह्मणों सहित देव तथा मनुष्यों में तथागत ही आर्य हैं, श्रेष्ठ हैं एवं उनके द्वारा प्रतिपादित ये सिद्धांत हैं, इसलिए ये आर्यसत्य कहे जाते हैं। वर्णित है कि भगवान् को भी पूर्वजन्म में चार आर्यसत्यों का ज्ञान न होने के कारण पूर्व जन्मों में पड़े रहना पड़ा था। चार आर्यसत्यों के ज्ञान के बाद भगवान् कहते हैं कि अब उनकी तृष्णा नष्ट कर दी गई हैं, दुखों की जड़ें काट दी गई हैं, अब पुर्नजन्म नहीं होगा। चार आर्यसत्यों का बारह प्रकार से साक्षात्कार किया जा सकता है। चार आर्यसत्य इस प्रकार हैं–

1) दुख आर्यसत्य
2) दुख समुदय आर्यसत्य
3) दुख निरोध आर्यसत्य
4) दुख निरोध गामिनी मार्ग आर्यसत्य

दुख आर्यसत्य

जाति, जरा, व्याधि, मरण, अप्रियों का संयोग एवं प्रियों का वियोग दुख है, इच्छित वस्तु का न मिलना भी दुख है। संक्षेप में कहा जाय तो पांच उपादान स्कन्ध ही दुख आर्यसत्य है।

दुख समुदय आर्यसत्य

पुनः पुनः जन्म लेने वाली, उन-उन विषयों में अभिनन्दन कराने वाली तृष्णा है - काम तृष्णा, भव तृष्णा, विभव तृष्णा दुख समुदय आर्यसत्य हैं।

दुख निरोध आर्यसत्य

तृष्णा का पूर्णतया विराग, विरोध, त्याग, प्रतिनिसर्ग, मुक्ति, अनालय होना दुख निरोध आर्यसत्य है।

दुख निरोध गामिनी मार्ग आर्यसत्य

आर्य अष्टांगिक मार्ग ही दुख निरोध गामिनी प्रतिपदा आर्यसत्य है। आर्य अष्टांगिक मार्ग में आठ अंग हैं– सम्यक् दृष्टि, सम्यक् संकल्प,

सम्यक् वाणी, सम्यक् कर्म, सम्यक् आजीविका, सम्यक् व्यायाम, सम्यक् स्मृति एवं सम्यक् समाधि।

सम्यक् दृष्टि

चार आर्यसत्यों का यथार्थ ज्ञान सम्यक् दृष्टि है। भगवान् बुद्ध का दर्शन सम्यक् दृष्टिमूलक है। दुराचरण को दुराचरण समझना, सदा चरण को सदाचरण समझना, अलोभ, अमोह, अद्वेष को सदाचार के मूल कारण को समझना, चार आर्यसत्यों को समझना, दस संयोजनों से मुक्त होने का प्रयास करना, आत्मा को लेकर किसी दृष्टि में नहीं लगना, किसी की दृष्टि से न चिपटना एवं प्रतीत्यसमुत्पाद को यथार्थ रूप में समझना सम्यक् दृष्टि है।

सम्यक् संकल्प

नैष्क्रम्य - संकल्प, अव्यपाद संकल्प एवं अविहिंसा संकल्प की सम्यक् संकल्प है।

सम्यक् वाणी

चार प्रकार की वाणी असत्य, चुगली, कटुभाषण एवं संप्रलाप से विरक्ति, त्याग सम्यक् वाणी है।

सम्यक् कर्म

हिंसा, चोरी, कामगत मिथ्याचार इन तीन प्रकार के मिथ्या आचरणों का त्याग सम्यक् कर्म है।

सम्यक् आजीविका

सभी प्रकार की मिथ्या अजीविका को छोड़कर सम्यक् आजीविका पूर्वक जीवन निर्वाह करना सम्यक् आजीविका है।

सम्यक् व्यायाम

चार प्रकार के प्रयत्न करना सम्यक् व्यायाम है। अनुत्पन्न पापमय अकुशल धर्मों के अनुत्पाद के लिए, उत्पन्न पापमय अकुशल धर्मों के प्रहाण के लिए, अनुत्पन्न कुशल धर्मों को उत्पन्न करने के लिए तथा

उत्पन्न कुशल धर्मों की स्थिति के लिए इच्छा करना, कोशिश करना, उत्साह करना, मन लगाना सम्यक् व्यायाम है।

सम्यक् स्मृति

क्लेशों को तपाते हुए स्मृतिवान और संप्रज्ञ हो संसार को लोभ और दौर्मनस्य को दबाकर काया में कायानुपश्यी, वेदना में वेदनानुपश्यी, चित्त में चित्तानुपश्यी तथा धर्मों में धर्मानुपश्यी होकर विहरना सम्यक् स्मृति है।

सम्यक् समाधि

प्रथम ध्यान, द्वितीय ध्यान, तृतीय ध्यान एवं चतुर्थ ध्यान इन चार ध्यानों को सम्यक् समाधि कहा गया है।

सैंतीस बोधिपाक्षिक धर्म

पालि साहित्य में सैंतीस धर्मों को धर्म की कसौटी कहा गया है। माज्झिम निकाय में इनको विवाद से परे बताया है। दीघ निकाय में महापरिनिर्वाण सुत्त में भगवान् भिक्षुओं को वैशाली की प्रस्थानशाला में अंतिम उपदेश के लिए बुलाते हैं और अपने अंतिम वचन के पहले सैंतीस धर्मों का उपदेश देते हुए कहते हैं कि इनको अच्छी तरह सीख कर सेवन करना, भावना करना और बढ़ाना, जिससे ब्रह्मचर्य स्थायी हो, साथ ही बहुजनहितार्थ, बहुजन सुखार्थ, लोकानुकम्पार्थ, देवमनुष्यों के अर्थ और हित सुख के लिए हो सके। सैंतीस बोधिपाक्षिक धर्म इस प्रकार हैं–

चार स्मृतिप्रस्थान, चार सम्यक् प्रधान, चार ऋद्धिपाद, पाँच इन्द्रियां, पाँच बल, सात बोध्यंग, आर्य अष्टांगिक मार्ग। ये सैंतीस बोधिपाक्षिक धर्म संपूर्ण बौद्ध साधना की पृष्ठभूमि है। हीनयान और महायान दोनों में साम्य एवं विवाद रहित है।

चार स्मृति प्रस्थान

स्मृति ही इनका उपस्थान है। आलंबनों में प्रवेश कर जाने से प्रस्थान कहलाता है। काय, वेदना, चित्त और धर्मों में प्रहाण कृत्य को सिद्ध कर लेने के उपरांत इनकी प्रवृत्ति से चार प्रकार का भेद होता है।

काम, वेदना, चित्त और धर्म में उत्पत्ति, व्यय, उत्पत्ति व्यय देखते हुए और क्लेशों को तपाते हुए विहार करना स्मृति प्रस्थान की भावना है। आर्य अष्टांगिक मार्ग इसका भावनागामी मार्ग है। चार स्मृति प्रस्थानों की भावना के लिए चित्त का समाहित होना आवश्यक है। अनापान स्मृति का महत्व भी चार स्मृति-प्रस्थानों के समान बताया गया है।

चार सम्यक् प्रधान

चार प्रकार के प्रयत्न करना चार सम्यक् प्रधान है–

1) अनुत्पन्न पापमय अकुशल धर्मों के अनुत्पाद के लिए प्रयत्न करना।

2) उत्पन्न पापमय अकुशल धर्मों के प्रहाण के लिए प्रयत्न करना।

3) अनुत्पन्न कुशल धर्मों के उत्पन्न करने के लिए प्रयत्न करना।

4) उत्पन्न कुशल-धर्मों की स्थिति के लिए प्रयत्न करना आर्य अष्टांगिक के सम्यक् व्यायाम के अंतर्गत इन्हीं चार सम्यक् प्रधानों का समावेश है।

चार ऋद्धिपाद

1) छन्द समाधि - प्रधान संस्कार से युक्त ऋद्धि

2) चित्त समाधि - प्रधान संस्कार से युक्त ऋद्धि

3) वीर्य समाधि - प्रधान संस्कार से युक्त ऋद्धि

4) मीमांसा समाधि - प्रधान संस्कार से युक्त ऋद्धि

छन्द "इच्छा" के आधार पर समाधि और चित्त की एकाग्रता प्राप्त करना छन्द समाधि है। वीर्य के आधार पर समाधि और चित्त की एकाग्रता प्राप्त करना चित्त समाधि है। मीमांसा के आधार पर चित्त और समाधि की एकाग्रता प्राप्त करना मीमांसा समाधि है। प्रत्येक के साथ प्रधान संस्कार जुड़ा हुआ है। इनकी भावना का मार्ग आर्य अष्टांगिक मार्ग है। इनका उद्देश्य छन्द, वीर्य, चित्त और मीमांसा के प्रहाण के लिए पालन करना है। यहाँ पर प्रहाण से तात्पर्य उनकी सफलता शांत हो जाना

है। इन धर्मों का पालन शील में प्रतिष्ठित होकर किया जाता है। इन धर्मों के पालन से भिक्षु निर्वाण की ओर झुका होता है।

भिक्षु संघ में मौद्‌गल्यायन भिक्षु को ऋद्धिधारियों में अग्र बताया गया है। ऋद्धि के संबंध में कहा गया है कि जो साधन ऋद्धियों को सिद्ध करता है वह एक होकर बहुत हो जाता है। विभिन्न प्रकार के चित्तों को जान लेता है, पूर्व जन्मों की गतियों को जानता है। भगवान् ने वेदना सहन करने वाले स्वभाव को स्वाभाविक समाधि का फल कहा है। भगवान् बुद्ध की ऋद्धि माया से भिन्न है। स्वयं भगवान् बुद्ध ने अपने लिए मायावी होने का खण्डन किया है।

पांच इन्द्रिय-पांच बल

श्रद्धा, वीर्य, स्मृति, समाधि और प्रज्ञा को पाँच इन्द्रियाँ कहा जाता है और पाँच बल भी। यद्यपि इन्द्रिय और बल दोनों का अलग-अलग विवेचन मिलता है किन्तु दोनों एक हैं। आचार्य बुद्धघोष ने इनके नामकरण के संबंध में कहा है कि अश्रद्धा, आलस्य, प्रमाद और विक्षेप को पछाड़ने से पछाड़ना कहलाने वाले अधिमति के अर्थ से इन्द्रिय है। श्रद्धा आदि से अविचलित होने के अर्थ से बल है। दोनों पाँच प्रकार के होते हैं। इसी कारण दोनों को एक कहा जाता है। श्रद्धा इन्द्रिय का तात्पर्य स्त्रोतापत्ति के चार अंगों से है। वीर्य इन्द्रिय का तात्पर्य चार सम्यक् प्रधानों से है। स्मृति इंद्रिय का तात्पर्य चार ध्यानों से हैं। प्रज्ञा इन्द्रिय का तात्पर्य चार आर्ससत्यों से है।

सात बोध्यंग

बोधि (ज्ञान) के लिए होते हैं इसलिए इन्हें बोध्यंग कहा जाता है। ये सात है - स्मृति, धर्मविचय, वीर्य, प्रीति, प्रश्रब्धि, समाधि, उपेक्षा बोध्यंग। बोध्यंग धर्मों के अलग-अलग आहार हैं जिससे अनुत्पन्न बोध्यंग धर्म उत्पन्न होते हैं तथा उत्पन्न बोध्यंग धर्म भक्ति से पूर्ण होते हैं।

स्मृति बोध्यंग सिद्ध करने वाले धर्मों का अच्छी तरह मनन करना स्मृति बोध्यंग धर्म का आहार है। कुशल और अकुशल, सदोष तथा निर्दोष, बुरे तथा अच्छे, कृष्ण तथा शुक्ल धर्मों का अच्छी तरह मनन

करना धर्मविचय सम्बोध्यंग धर्म का आहार है। आरंभ धातु, नैष्क्रम्य धातु तथा पराक्रम धातु का अच्छी तरह मनन करना वीर्य सम्बोध्यंग धर्म का आहार है। प्रीति सम्बोध्यंग धर्म को सिद्ध करने वाले धर्मों का अच्छी तरह मनन करना प्रीति सम्बोध्यंग धर्म का आहार हैं काय प्रश्रब्धि, चित्त प्रश्रब्धि का अच्छी तरह मनन करना, प्रश्रब्धि सम्बोध्यंग धर्म का आहार है। शमथ निमित्त और विपश्यना निमित्त का अच्छी तरह चिंतन करना समाधि सम्बोध्यंग धर्म का आहार है। उपेक्षा सिद्ध करनेवाले धर्मों का मनन करना सम्बोध्यंग धर्म का आहार है। आर्य अष्टांगिक मार्ग का विवरण पूर्व में हो चुका है।

शील-समाधि-प्रज्ञा

जिस परमपद की प्राप्ति के लिए भगवान् बुद्ध ने मध्यम मार्ग के रूप में आर्य अष्टांगिक मार्ग का प्रतिपादन किया था, उसी परमपद की प्राप्ति के लिए भगवान् ने शील, समाधि, प्रज्ञा का भी प्रतिपादन किया था। आर्य अष्टांगिक मार्ग में शील, समाधि, प्रज्ञा संग्रहित है और शील समाधि प्रज्ञा में आर्य अष्टांगिक मार्ग संग्रहित है। आचार्य बुद्ध घोष ने शील, समाधि, प्रज्ञा की व्याख्या के रूप में विशुद्धिमार्ग की रचना की है जिसमें पूरा प्रारंभिक बौद्ध धर्म-दर्शन समाहित है।

शील

शील से संबंधित प्रसिद्ध एवं ऐतिहासिक गाथा में कहा गया है कि प्रज्ञावान मनुष्य और वीर्यवान विवेकी भिक्षु चित्त और प्रज्ञा की भावना करते हुए जरा सुलझा सकता है। शील को घाट बतलाते हुए कहा है कि शील में बैठकर परम ज्ञानी धर्म रूपी जलाशय में स्नान कर परिशुद्ध हो जाता है। जिस प्रकार बल से किए जाने वाले कर्म पृथ्वी के आधार पर खड़े होकर किए जाते हैं, वनस्पतियाँ पृथ्वी के आधार पर उगती और बढ़ती है, उसी प्रकार धर्मों की स्थिति है कि वे शील के आधार पर पलते और बुद्धि को प्राप्त होते हैं। स्रोतापन्न होने के लिए बुद्धधर्म, संघ की शरण स्वीकार करने के साथ ही शील का पालन आवश्यक है, जिसमें सात धर्मों का पालन अनिवार्य-

1) जीवहिंसा से विरति
2) चोरी से विरति
3) परस्त्रीगमन से विरति
4) झूठ बोलने से विरति
5) चुगली करने से विरति
6) कठोर बोलने से विरति
7) गप्प हाँकने से विरति

समाधि

समाधि की गणना आर्य अष्टांगिक मार्ग के आठवें अंग के रूप में भी होती है। चित्त की एकाग्रता को समाधि कहा जाता है। सम्यक् समाधि के अंतर्गत चार ध्यानों का समावेश अकुशल धर्मों का त्याग कर वितर्क और विचार वाले विवेक से उत्पन्न प्रीति सुख वाले ध्यान को प्राप्त कर विहरना **प्रथम ध्यान** है। वितर्क और विचार के शान्त हो जाने से अध्यात्म प्रासादवाले चित्त की एकाग्रता वाले वितर्क और विचार से रहित समाधि से उत्पन्न प्रीति सुख वाले ध्यान से विहरना **द्वितीय ध्यान** है। प्रीति से भी विरक्त हो उपेक्षा पूर्ण विहार करना, स्मृतिवान और संप्रज्ञ हो शरीर में सुख का अनुभव करना **तृतीय ध्यान** है। सभी तरह के सुख और दुख के प्रहाण हो जाने पर पहले ही सौमनस्य और दौर्मनस्य के अस्त हो जाने से सुख-दुख से रहित उपेक्षा और परिशुद्ध वाले ध्यान को विहरना **चतुर्थ ध्यान** है। चार ध्यानों की भावना से निर्वाण की ओर बढ़ना बताया है।

प्रज्ञा

यथार्थ ज्ञान और विपश्यना ज्ञान को प्रज्ञा कहा जाता है। निर्वेद, वैराग्य आदि को धर्म स्वरूप में देखना यथार्थ ज्ञान ही है। प्रज्ञा को मनुष्य का रत्न कहा गया है। प्रज्ञा के समान कोई भी प्रकाश नहीं है। प्रज्ञा के निम्नप्रकार मिलते हैं – महाप्रज्ञा, पृथल प्रज्ञा, विपुल प्रज्ञा, गंभीर प्रज्ञा, प्रज्ञा बाहुल्य, शीघ्र प्रज्ञा, लघु प्रज्ञा, प्रसन्न प्रज्ञा, तीव्र प्रज्ञा, तीक्ष्ण प्रज्ञा, निवेदित प्रज्ञा।

प्रतीत्य समुत्पाद

प्रतीत्य समुत्पाद को यथार्थ रूप में समझना सम्यक् दृष्टि है। भगवान् ने इनका मध्यम प्रतिपदा के रूप में प्रतिपादन किया था। भगवान् ने अनुभव किया था कि यह प्रजा तृष्णा के कारण संसार में भ्रमित हो रही है और दुखी है। इसके कारण भूत तृष्णा को रोक दिया जाए तो यह चक्र रुक सकता है। इस बात का ज्ञान प्रजा को नहीं है। इसे भगवान् ने अविद्या कहा। अविद्या के कारण ही प्रजा भ्रमित हो रही है। उसके सारे दुख समूह उठ खड़े होते हैं। यदि इसको जान लिया जाए तो सारे दुख समूहों को जाना जा सकता है। इसलिए भगवान् ने अपने दर्शन में दो बातों को प्रमुखता दी। दुख का कारण और उसका निरोध।

दुख के संबंध में भगवान् से विभिन्न प्रकार के प्रश्न पूछे जाते थे–

क्या दुख स्वयं अपना किया होता है?

दूसरे का किया होता है?

क्या स्वयं और दूसरे का किया होता है?

क्या अकारण होता है?

भगवान् ने इन सभी प्रश्नों को गलत बताया एवं पूछे जाने पर कि क्या दुख है ही नहीं? भगवान् ने कहा दुख है लेकन भगवान् दो अंतों को छोड़ मध्यम प्रकार से बतलाते हैं कि अविद्या से संस्कार, संस्कार से विज्ञान, विज्ञान से नामरूप, नामरूप से षडायतन, षडायतन से स्पर्श, स्पर्श से वेदना, वेदना से तृष्णा, तृष्णा से उपादान, उपादान से भव, भव से जाति, जाति से जरा-मरण, शोक, परिदेव, दुख दौर्मनस्य उत्पन्न होते हैं।

अविद्या के मिटने से सारे दुख-समूह एकदम रुक जाते हैं। भगवान् ने दुख को प्रतीत्य-समुत्पन्न बतलाया था। जो अंग-हेतु है, वह प्रतीत्य समुत्पाद है, जो अंगफल है वह प्रतीत्य समुत्पन्न है। इन दोनों में कोई विशेष अंतर नहीं है क्योंकि सभी धर्म प्रतीत्यसमुत्पाद और प्रतीत्यसमुत्पन्न है।

प्रतीत्यसमुत्पाद में दो शब्द हैं– प्रतीत्य एवं समुत्पाद - प्रतीत्य (प्रति गण् गतौ ल्यप्) का अर्थ है प्राप्त कर एवं समुत्पाद में पद धातु

सत्तार्थक है। सम्-उत् उपसर्ग पूर्वक इसका अर्थ प्रादुर्भाव है जिसका भाव उत्पन्न करता है। अर्थात् एक वस्तु के होने पर दूसरे को उत्पन्न करना। एक दूसरे के प्रत्यय से उत्पत्ति का सिद्धांत।

विशुद्धिमार्ग में कहा गया है कि यह हेतु समूह इससे प्रतिमुख है, इसलिए प्रतीत्य कहा गया है। साथ में रहने वाले धर्मों को उत्पन्न करता है इसलिए उत्पाद है। संयुत्त निकाय में प्रतीत्य समुत्पाद का अर्थ हेतु से है, न यह स्वयं का बनाया हुआ है, न दूसरों का बल्कि यह एक दूसरे से होता है। जैसे नल-कलाप एक-दूसरे पर टिके रहते हैं, एक दूसरे के हेतुओं के कारण हैं।

इस सिद्धांत में बारह प्रत्ययों का अनुलोम एवं प्रतिलोम की पद्धति से वर्णन मिलता है। द्वादश प्रत्यय - अविद्या, संस्कार, विज्ञान, नामरूप, षडायतन, स्पर्श, वेदना, तृष्णा, उपादान, भव, जाति और जरा-मरण।

अविद्या : चार आर्यसत्यों का अज्ञान अविद्या है। इसी अविद्या के कारण सारा दुख समूह होता है और इसके विरोध में दुख समूह रुक जाता है।

संस्कार : संस्कार तीन हैं, काय, वाक् और चित्त संस्कार।

विज्ञान : विज्ञान छः हैं-चक्षु विज्ञान, श्रोत, घ्राण, जिह्वा, काय, मनो विज्ञान।

नाम रूप: वेदना, संज्ञा, चेतना, स्पर्श और मन में कुछ लाना नाम है एवं चार महाभूतों से जो रूप होते हैं उन्हें रूप कहा जाता है।

षडायतन: आयतन छः हैं- चक्षु, श्रोत, घ्राण, जिह्वा, काम और मन आयतन

स्पर्श : स्पर्श छः हैं- चक्षु, श्रोत, घ्राण, जिह्वा, काय और मन स्पर्श

वेदना : वेदना छः हैं- चक्षु से संस्पर्श होने वाली वेदना, श्रोत, घ्राण, जिह्वा, काय एवं मन के संस्पर्श से होने वाली वेदना।

तृष्णा : तृष्णा छः है- रूप, शब्द, गन्ध, रस, स्पर्श एवं धर्म तृष्णा।

उपादान : उपादान चार है- काम, दृष्टि, शीलव्रत, आत्मवाद उपादान।

भव : भव तीन है- काम, रूप तथा अरूप भव।

जाति : जीवों का योनियों में जन्म लेना, पैदा होना, प्रकट होना, स्कन्ध को प्रादुर्भाव आयतनों का प्रतिलाभ करना जाति है।

जरा-मरण: जीवों का योनियों में में बूढ़ा हो जाना, पुराना हो जाना, दाँतों का टूटना, बाल सफेद हो जाना, झुर्रियाँ पड़ जाना, उम्र का समाप्त होना, इंद्रियों का शिथिल होना, "जरा है"- जीवों का योनियों से खिसकना, टपकना, कट जाना, अन्तर्ध्यान हो जाना, मृत्यु हो जाना, स्कन्धों का छिन्न-भिन्न होना, शरीर को छोड़ देना "मरण" है। इस प्रकार जरा-मरण होता है।

भगवान् बुद्ध ने द्वादश निदानों की पूर्व कोटियों सहित विस्तृत व्याख्या की है। अविद्या की पूर्वकोटि नहीं है। अविद्या क्यों होती हैं? इसका कारण बताया है, चार आर्यसत्यों के अज्ञान से अविद्या होती हैं।

प्रतीत्य समुत्पाद के ज्ञान की सफलता के लिए आर्य अष्टांगिक मार्ग का पालन अनिवार्य है। कहा गया है कि नारद भिक्षु प्रतीत्यसमुत्पाद के ज्ञान के बिना भी क्षीणास्त्रव अर्हत् नहीं थे। जिस प्रकार कोई थका व्यक्ति मार्ग में कुआँ पा जाए, लेकिन बाल्टी एवं डोर के बिना प्यास नहीं बुझाई जा सकती उसी प्रकार यथार्थ ज्ञान होते हुए भी आर्य अष्टांगिक मार्ग का अभ्यास आवश्यक है। प्रतीत्य समुत्पाद को गंभीर और गूढ़ कहा गया है। इसको न जानने के कारण ही प्रज्ञा उलझती हुई बतलाई गई है।

अनित्य दुख अनात्म

भगवान् बुद्ध के दर्शन का सारांश "अनित्यदुख अनात्म" में समाहित है। यह सिद्धांत उपनिषद् के वाक्य सच्चिदानंद "सत्चित् आनंद" का ठीक उल्टा है। भगवान् ने सभी उपादान स्कन्धों एवं आयतनों को नष्टवान होने से अनित्य बतलाया तथा अनित्यता के स्वभाव के कारण दुख को अनात्म कहा है। लोक की अनित्यता का प्रतिपादन करते हुए लोक संज्ञा का अर्थ लुञ्जित होने से बताया है। चक्षु, रूप, चक्षु विज्ञान, चक्षु संस्पर्श, चक्षुवेदना और श्रोत आदि लुंजित होते हैं।

लोक को शून्य कहा गया है। यह आत्मा या आत्मीय से शून्य है। जिस प्रकार रथ नाम की कोई वास्तविक चीज नहीं है, अपितु विभिन्न वस्तुओं को मिलाकर रथ नाम दिया जाता है, उसी प्रकार पाँच स्कन्धों से उत्पन्न इन्द्रियधारी पुरुष प्राणी को सत्व कहा जाता है। जब भगवान् से पूछा गया कि लोक का अंत देखा या जाना जा सकता है तो भगवान् ने कहा कि व्याम भर संज्ञा धारण करने वाले इस शरीर में लोक की उत्पत्ति निरोध एवं निरोधगामी मार्ग विद्यमान है। भगवान् ने लोक को इस व्याम भरे शरीर में बताया था तथा विभिन्न प्रकार के षडायतन, पंचस्कंध, धातु आदि इसके अंतर्गत वर्णित किए।

पाँच उपादान स्कन्ध

भगवान् बुद्ध ने जीव और आत्मा की कोई सत्ता नहीं मानी थी अपितु प्राणी की व्याख्या पंचस्कंध के रूप में की थी। रूप, वेदना, संज्ञा, संस्कार और विज्ञान ये पाँच अतीत, अनागत, वर्तमान, अध्यात्म, बाह्य, स्थूलहीन, प्रणीत, दूर और निकट के कारण स्कन्ध कहे जाते हैं।

स्कन्धों में छन्द राग होने से उपादान हुए। प्रभावित होने से रूप कहा गया है। शीत, उष्ण, भूख, प्यास, साँप, बिच्छू, हवा, अग्नि, आदि के स्पर्श से प्रभावित होता है। अनुभव करने से वेदना कही जाती है। सुख वेदना, दुख वेदना, अदुख वेदना का अनुभव करने से ऐसा कहा जाता है। जानने वाले होने से संज्ञा कहा गया।

कसैले, तीते, कड़वे, मीठे, खट्टे, नमकीन आदि को पहचानता है। चार महाभूत और उससे उत्पन्न होने वाले रूपादान स्कन्ध हैं। पाँच स्कन्धों के संबंध में कहा गया है कि रूप स्कन्ध नदी के फेन के पिण्ड के समान है। वेदना स्कन्ध शरदकाल में जल के बुदबुदे के समान है। संज्ञा स्कंध ग्रीष्म की दोपहरी की मरीचिका के समान है। संस्कार स्कंध केले के पेड़ की तरह निस्सार है, विज्ञान स्कंध जादू के खेल के समान है।

षडायतन

आयतनों का तात्पर्य इंन्द्रियों से है। आयतनों को छः इन्द्रियाँ भी कहते है। षडायतन प्रतीत्य समुत्पाद का पाँचवा प्रत्यय है। इसकी उत्पत्ति

नाम-रूप से होती है। इसके होने से स्पर्श होता है और जरा-मरण का चक्कर चलता है। षडायतन-चक्षुआयतन, श्रोत आयतन, घ्राण आयतन, जिह्वा आयतन, काय आयतन, मन आयतन, इनको षडायतन कहते हैं इनके विषय रूप, शब्द, गंध, रस, स्पर्श और धर्म को बाह्य आयतन कहते है।

आध्यात्मिक और बाह्य दोनों आयतनों के संयोग से विज्ञान उत्पन्न होता है। चक्षु आदि के प्रत्ययों से जो सुख सौमनस्य उत्पन्न होता है वह षडायतन का आस्वाद है। चक्षु आदि की जो अनित्यता, दुखता और परिवर्तनशीलता है, वह षडायतन का दोष है। चक्षु आदि के प्रतिछन्द राग का प्रहाण हो जाना षडायतन का निःशरण एवं मुक्ति है।

मिथ्या दृष्टि

भगवान् बुद्ध के दर्शन को जानने के साथ ही मिथ्या दृष्टि को भी जानना आवश्क है क्योंकि भगवान् ऐसी बातों को धर्म विरुद्ध बताते हैं, जो दो मिथ्या दृष्टि शाश्वत्वाद और उच्छेदवाद के अंतर्गत आती थीं, इन्हीं दोनों दृष्टियों को सभी बुराइयों की जड़ कहा। इन दृष्टियों को मानने वालों को धर्म विरुद्ध कहा है। दीर्घ निकाय के ब्रह्मजालसुत में भगवान् ने बासठ दृष्टियाँ बताई हैं। जिनका पूर्वान्त कल्पित और अपरान्त कल्पित नाम से विभाजित किया है। एक में पूर्व जन्म से संबंधित, दूसरी में भविष्य में होने वाले जन्म से संबंधित दृष्टियाँ हैं। संयुक्त निकाय में दृष्टि के साथ ही अन्य तैर्थिकों के मतों की भी आलोचना की है जिन्हें भगवान् बुद्ध ने विभिन्न प्रसंगों में कहा।

अव्याकृत

पालिनिकायों में अव्याकृतों को दृष्टियों के समान ही वर्णित किया गया है। भगवान् के समय में ही यह चर्चा होती थी कि अव्याकृत क्यों कहे गए?

अव्याकृत कथन का कारण बताते हुए भगवान् ने कहा था कि जब रूप, वेदना, संज्ञा, संस्कार तथा विज्ञान में तथागत नहीं है या तथागत में रूप, वेदना, संज्ञा, संस्कार और विज्ञान नहीं है तो कैसे कहा जा सकता

है कि तथागत मरने के बाद रहते हैं या नहीं। इसलिए कहा गया है कि जिस प्रकार गंगा के बालू कणों को संख्या में नहीं गिना जा सकता है एवं समुद्र के जल को तौला नहीं जा सकता क्योंकि वह अथाह है, उसी प्रकार तथागत के रूपादि के विषय में है।

मज्झिम निकाय में कहा गया है कि यदि बाण से घायल व्यक्ति इलाज न करवाकर पहले मरने वाले का नाम पूछेगा और इलाज न करायेगा, तो वह मर जायेगा। वह जान भी नहीं पायेगा कि किसने मारा। इसी प्रकार लोग अव्याकृत क्यों कहा गया, जान ही नहीं पायेंगे और ब्रह्मचर्य पूरा हो जायेगा।

संयुक्त निकाय में कहा गया है कि अव्याकृत में आए प्रश्नों के उत्तर देना सार्थक नहीं है, उपयोगी नहीं है, निर्वेद, निरोध, परमज्ञान, निर्वाण के लिए आवश्यक नहीं है- इसलिए उनका उत्तर नहीं दिया गया। पालि साहित्य में आए दस अव्याकृत इस प्रकार आए हैं-

1) क्या लोक नित्य है?

2) क्या लोक अनित्य है?

3) क्या लोक अन्तवान है?

4) क्या लोक अनन्त, बिना अन्तवाला है?

5) क्या जो जीव है, वही शरीर है?

6) क्या जीव अन्य है और शरीर अन्य है?

7) क्या मरने के पश्चात् तथागत होते हैं?

8) क्या मरने के पश्चात् तथागत नहीं होते हैं?

9) क्या मरने के बाद तथागत होते भी हैं, नहीं भी होते हैं?

10) क्या मरने के बाद तथागत न होते हैं, न नहीं होते हैं?

निर्वाण

स्थविरवादी परम्परा के अनुसार भिक्षुओं की प्रव्रज्या एवं ब्रह्मचर्य के पालन का उद्देश्य निर्वाण था। निर्वाण या मोक्ष भारतीय दर्शन का

केन्द्र बिन्दु है। यह भारतीयों के लिए एकमात्र लक्ष्य है। मोक्ष और मुक्ति शब्द क्रमशः मोक्ष और मुच धातु से उत्पन्न होते हैं जिसका अर्थ स्वतंत्र होना या छुटकारा पाना है। इस प्रकार भारतीय दर्शन में मोक्ष का अर्थ जीवन-मरण के चक्र अर्थात् सभी प्रकार के सांसारिक दुखों से छुटकारा पाना है।

"निर्वाण" का शाब्दिक अर्थ बाण से बाहर निकलना है। निर्वाण एक ऐसी स्थिति है जिसमें सभी तृष्णाओं का अंत हो जाता है। तृष्णा के विरोध से परमपद निर्वाण की प्राप्ति होती है। संयुक्त निकाय में निर्वाण को राग-क्षय, द्वेष-क्षय एवं मोह-क्षय बताते हुए उसे असंस्कृत, अनास्त्रव, सतय, पार, निपुण सुदूर दर्श, अजर्जर, ध्रुव, अप्रलोकित, अनिदर्शन, निष्प्रपंच, शान्त, अमृत, प्रणति शिव, क्षेम, तृष्णा-क्षय, आश्चर्य, अद्‌भुत-निर्दुख, धर्म, निर्वाण, निर्वेद, विराग, शुद्धि, मुक्ति, अनालय, द्वीप, लेण, त्राण, शरण, परायण, कहा गया है।

निर्वाण की स्थिति के संबंध में कहा गया है कि निर्वाण भय से शून्य है। सभी संस्कारों का शमन, सभी उपाधियों से मुक्ति, तृष्णा, क्षय, विराग, विरोध निर्वाण। आर्य अष्टांगिक मार्ग, सात बोध्यंग, चार स्मृति प्रस्थान, पाँच इन्द्रिय, पाँच बल, चार सम्यक् प्रधान, चार ऋद्धिपाद, कायगत, स्मृति, शमथ, विपश्यना, समाधि एवं निर्वाणगामी मार्ग कहे गए हैं।

❑❑❑

अध्याय–3

पूजा और प्रार्थना

पूजा और प्रार्थना

1. पूजा और प्रार्थना
2. आहार ग्रहण करने हेतु आह्वान
3. पुष्प-पूजा
4. वृक्ष में स्थित पुष्प-पूजा
5. प्रदीप पूजा
6. पुष्प इत्यादि सुगंधि द्वारा पूजा
7. त्रिरत्न वंदना एवं त्रिरत्न पूजा
8. प्रतिपत्ति पूजा
9. हरसिंगार द्वारा पूजा
10. ग्लान-प्रत्यय-पूजा
11. प्रार्थना-परित्राण प्रार्थना
12. साधारण देवता को आमंत्रण
13. विशेष देवता को आमंत्रण
14. देवतागण को पुष्पदान और रक्षा प्रार्थना
15. शासन की उन्नति और रक्षा प्रार्थना
16. देवता के निकट रक्षा प्रार्थना

पूजा और प्रार्थना

भारतवर्ष में बौद्धधर्म का लुप्त हो जाना एक विचित्र घटना है। यद्यपि बुद्ध ने वेद एवं ब्राह्मणों के आधिपत्य को न माना, न तो व्यक्तिगत आत्मा एवं परमात्मा के अस्तित्व में ही विश्वास किया, किन्तु उन्होंने कर्म एवं पुनर्जन्म तथा विरक्ति एवं इच्छारहित होने पर संस्कारों से छुटकारा प्राप्त करने के सिद्धांतों में विश्वास किया। जब बौद्धों ने बुद्ध की पूजा आरंभ की, जब पशुबलि एक प्रकार से समाप्त हो गयी, जब सार्वभौम दयाशीलता, उदार भावना एवं आत्म-निग्रह की भावना सभी स्वीकृत हो गईं और वैदिक धर्मावलम्बियों ने बौद्ध धर्म के व्यापक सिद्धांत मान लिए, वैदिक धर्मावलम्बियों ने बौद्ध धर्म के व्यापक सिद्धांत मान लिए, तब बुद्ध विष्णु के अवतार रूप में स्वीकृत हो गए। प्रसिद्ध अवतारों में बुद्ध एवं कल्कि दोनों का उल्लेख मिलता है। (भगत पुराण 6/8)

भगवान् बुद्ध मनुष्य रूप में ब्रह्म होने के कारण श्रेष्ठ हैं, यद्यपि श्रेष्ठ की पवित्र कुसुम दान से या आहार्या द्वारा पूजा की जाती है। पूजा करते समय व्यक्ति संकल्प करता है एवं उसके द्वारा पूजा करने वाले लोग बुद्ध को दान देकर पूजा का फल पाते हैं। हमारे पूजा के पात्र क्या-क्या हो सकते हैं - इस विषय में कई लोग नहीं जानते। इस विषय में आनन्द स्थविर ने भगवान् बुद्ध से एक समय जिज्ञासावश पूछा था - "चैत्य कितने प्रकार का है?" आनन्द, तीन प्रकार का है। "वे तीन क्या हैं?" "शारीरिक चैत्य, उद्देशिक चैत्य और पारिभौतिक चैत्य।" "प्रभु क्या आपकी जीवद्दशाय की जा सकती है?" आनन्द, तथागत की जीवद्दशाय उनके शारीरिक चैत्य नहीं कर पायेंगे। वह बुद्धगणों के परिनिर्वाण के बाद ही करना होता है। यहाँ उद्देशिक और पारिभौतिक चैत्य कर सकते हैं। बुद्ध के द्वारा व्यवहृत महाबोधि वृक्ष बुद्ध के जीवद्दशाय भी चैत्य के समान हैं।

बुद्ध-प्रतिमा को उद्देशिक चैत्य, बोधिवृक्ष पारिभौतिक चैत्य और सर्वबद्ध बुद्ध के देहावशेष को शारीरिक चैत्य कहते हैं।

अन्य धर्मों में "पूजा" का जो अर्थ प्रयुक्त होता है, बौद्ध धर्म उस अर्थ में व्यवहृत नहीं होता। पूजा किसी देवता की स्तुति वाक्य मात्र नहीं हैं। यह त्रिरत्न या पूजनीय के प्रति श्रद्धा का प्रदर्शन है। यह श्रद्धा पुष्प, प्रदीप और गंध द्रव्य द्वारा होती है जो हम सभी को अत्यंत प्रिय है। बुद्धवाणी में तथाकथित पूजा का स्थान या गुरुत्व नहीं था तब भी बुद्धवाणी या शील, समाधि, प्रज्ञा के प्रति चित्त की उत्पत्ति अपेक्षित है। इस विषय में अनुष्ठान की क्या आवश्यकता है? और सुबह एवं सन्ध्या इस अनुष्ठान के लिए उपयुक्त समय माना जाता है।

आहार ग्रहण करने हेतु आह्वान

हे भदन्त! मैं यह उत्तम खाद्यभोज्य प्रदत्त करता हूँ (सजा कर रखा हुआ) मेरे प्रति अनुकम्पा प्रदर्शित कर उसे ग्रहण करें।

"अधिवासेतु नो भन्ते भोजनं परिकप्पिपितं
अनुकम्पं उपादाय परिगण्हातु उत्तमं।"

पुष्प पूजा

वण्ण-गन्ध गुणोपेतं एतं कुसुमसन्ततिं
पूजयामि सुनिन्दस्स सिरिपाद सरोरुहे।

अर्थात् सुन्दर सुगंधित फूल और गुणों के इस फूल से सभी मुनियों के (बुद्ध के) श्री पादपद्म की पूजा करता हूँ।

पूजेमि बुद्धं कुसुमेन तेन
पुञ्ञेन मे तेन च होतु मोक्खं।
पुप्फं मिलायति यथा इदं मे
कायो तथा याति विनासभावं।

अर्थात् इस फूल द्वारा बुद्ध की पूजा करता हूँ। इस पुण्य से मुझे मोक्ष प्राप्त होगा। यह फूल जिस प्रकार अतिशीघ्र विनष्ट हो जाता है उसी प्रकार मेरा शरीर भी विनाश को प्राप्त होगा।

निरोध-समापत्तितो उट्ठ हित्वा विय निसिन्नस्स भगवतो अरहतो सम्मा सम्बुद्धस्य इमिना पुप्फेन् पूजेमि, पूजेमि पूजेमि। इदं पुप्फंपूजं बुद्धं पच्चेक बुद्ध अग्गसावक-महासावक-अरहन्ताणं सभावसीलं, अहम्पि तेसं अणुवत्तको होमि।

अर्थात् निरोध समापत्ति ध्यान से उपविष्ट भगवान् अर्हत् सम्यक् सम्बुद्ध की इस पुष्प द्वारा पूजा करता हूँ........ इस पुष्प पूजा द्वारा स्वभाव शील से संपन्न बुद्ध - प्रत्येक बुद्ध - अग्रश्रावक-महाश्रावक और अर्हत गणों का अनुसरण करता हूँ।

इदं पुप्फं दानि, वण्णेनपि सुवण्णं गन्धेनपि सुगन्धं, सण्ठानेनपि सुसट्ठानं, खिप्पमेव दुव्वण्णं, दुगन्धं, दुस्सण्ठानं अनिच्चतं पापुनिस्सति।

अर्थात् यह पुष्प अभी सुन्दर, सुगंध से युक्त किंतु अचिर है इसका अंत निश्चित है, यह दुर्गन्धयुक्त, छिन्नभिन्न हो जायेगा, अनित्यता को प्राप्त होगा।

ऐवमेव सब्बे संखारा अनिच्चा, दुक्खा अनत्तातिं। ऐरूप सर्वसंस्कार अनित्य, दुःख, अनात्म।

अर्थात् यह रूप समुदय द्रव्य अनित्य और दुःख पूर्ण एवं सभी धर्म अनात्म हैं।

इमिना वन्दन मानन पूजापटिपत्ति अनुभावेन आसवक्खया वहं होतु, सब्ब दुक्खा पमुक्खतु।

अर्थात् इस चंदन मानन और पूजा प्रतिपत्ति आदि अनुभावों से काम आदि आसव नष्ट होते हैं, मेरे सभी प्रकार के दुःख विनाशशील हैं।

वृक्ष में पुष्प पूजा

कुसुमं फुल्लितं एतं पग्गहेत्वान अञ्जलिं,
बुद्धसेट्ठं सरित्वान आकासेमपि पूजये।

अर्थात् वृक्ष में प्रस्फुटित इस पुष्प से बुद्ध श्रेष्ठ को स्मरण कर हाथ जोड़ पूजा करता हूँ। ऐसे पुष्प समूहों से जो वृक्ष के ऊपर ही लगे हैं, बुद्ध को लक्ष्य कर ही पूजा करता हूँ।

प्रदीप पूजा

धनसारप्पदित्तेन दीपेन तमधंसिना,

तिलोकदीपं सम्बुद्धं पूजयामि तमोनूदं।

धन और तेल, प्रदीप द्वारा मैं तमहारी त्रिलोक-प्रदीप सुगन्ध से पूजा करता हूँ।

पुष्प इत्यादि सुगन्धि द्वारा पूजा

गन्ध - संभार - युक्तेन धुपेनाहं सुगन्धिना,

पूजये पूजनेयन्तें पूज - भाजनमुत्तमं।

अर्थात् गंध संभार युक्त इस सुगंधित धूप द्वारा परम पूजनीय बुद्ध की मैं पूजा करता हूँ।

सुगन्धिकाय वदनमनन्तगुण गन्धिनं

सुगंधिनाहं गन्धेन पूजयामि तथागतं।

अर्थात् - सौरभ मंडित कायवदन और अनन्तगुण - गन्ध में बसे तथागत की मैं सुगंध द्वारा पूजा करता हूँ।

त्रिरत्न वंदना एवं त्रिरत्न पूजा

पुष्प पूजा मंत्रों के द्वारा "तमहं भगवन्तं ससंघं" वाक्य के बाद "अभिवादेमि" अभिवादन कर वंदना मंत्र का उच्चारण करना चाहिए।

"यो सो भगवा अरहं सम्मासम्बुद्धो, स्वाक्खातो येन भगवता धम्मो, सुपटिपन्नो यस्स भगवतो सावक-संघा, तमहं भगवन्तं सधम्मं ससंघं इमेहि पुप्फेहि पूजेमि।"

जो भगवान् अर्हत् सम्यक्सम्बुद्ध, जिनका धर्म सुन्दर रूप के कारण सुविख्यात है और जिसके शिष्य समूह सुपथ प्रतिपन्न हैं ऐसे भगवान् के धर्म और संघ की इन सभी पुष्पों के द्वारा पूजा करता हूँ।

फूल यदि केवल एक है तो "इमेहि पुप्फेहि" के स्थान पर "इमेन पुप्फेन" कहकर पुष्प के द्वारा "पूजेमि" (पूजा करता हूँ) बोलना चाहिए।

प्रतिपत्ति पूजा

इमाय धम्मानुधम्मपटिपत्तिया बुद्धं पूजेमि।

इमाय धम्मानुधम्मपटिपत्तिया धम्मं पूजेमि।

इमाय धम्मानुधम्मपटिपत्तिया संघं पूजेमि।

इमाय धम्मानुधम्मपटिपत्तिया जाति-जरा-व्याधि-मरणमृहा परिमुच्चिस्सामि।

इस धर्म और अनुधर्म प्रतिपत्ति (शील-समाधि) द्वारा बुद्ध, धर्म, संघ की पूजा करता हूँ। इस पूजा के प्रभाव से मैं जन्म, जरा, व्याधि, मृत्यु से छुटकारा प्राप्त करूँगा।

हरसिंगार द्वारा पूजा

इतिपि सो अरहं लाभणीं अग्गो सिवलीनाम महाखेरं इमेहि विविध पूजा संभारेहि पूजेमि, इमिना पूजा सक्कारेन याव निब्बानपत्तिया ताव जातिजातियं सुख-सम्पत्ति समङ्गि-भूतेन संसरित्वा निब्बानं पापुनितुं पात्थनं करोमि।

अग्रलाभी अर्हत् हरसिंगार से महास्थविर की नाना विधियों द्वारा पूजा करते हैं। इस पूजा सत्कार के प्रभाव से मैं भोग सम्पत्ति को प्राप्त कर अंत में निर्वाण का साक्षात्कार करूँगा। ऐसी मेरी इच्छा है।

गिलान प्रत्यय पूजा

अधिवासेतु नो भन्ते गिलान-पच्चय-भेसज्जं परिकप्पितं, अनुकम्पं उपादाय पटिगण्हातु उत्तमं।

पूजा द्वारा चित्त प्रसन्न होता है। प्रसन्न चित्त व्यक्ति सुखी होता है। सुखी चित्त शील, समाधि, प्रज्ञा के प्रति झुकता है।

प्रार्थना - परित्राण प्रार्थना

विपत्ति पटिवाहाय, सबव सम्पत्ति सिद्धिया

सब्बदुक्ख विनासाय, सब्बभय विनासाय,

सब्बरोग विनासाय, भवे दीघायू दायकं
चित्तं उजुं करित्वं ब्रुथक मंगलं।

सभी विपत्ति, दुःख, भय, रोग के विनाश और सर्वार्थ सिद्धि के लिए पवित्र चित्त हो संसार में दीर्घ आयु देने वाला मंगलमय परित्राण पाठ करना चाहिए।

साधारण देवता का आमंत्रण

समन्तचक्कवालेसु, अत्रागच्छन्त देवता
सद्धम्मं मुनिराजस्स, सूणन्त सग्गमोक्खदं।।
धम्म - सवण - कालो अयं, भद्दन्ता (तीन बार)

समस्त चक्रवालवासी देवतागण। यहाँ आगमन करें। मुनिराज के स्वर्ग मोक्ष आदि सत्य धर्म का श्रवण करें। हे माननीय देवतागण। धर्म को गुनने का यह उपयुक्त समय है।

विशेष देवता का आमंत्रण

नमो तस्स भगवतो अरहतो सम्मासम्बुद्धस्स।
ये सन्ता सन्तचिन्ता तिसरण - सरणा ऐख लोकन्तरे वा,
भूम्मा भूम्मा च देवा गुणगणगहण-व्यवता सव्वकालं
एते आयन्तु देवा, वरकनकमये मेरूराजे वसन्तो,
सन्तो सन्तोसहेतुं मुनिवरवचनं सोतुमग्गं समग्गं।

यहाँ या लोकान्तर में और आकाशवासी एवं स्वर्णमय श्रेष्ठ सुमेरूपर्वत वासी शांत देवतागण और शान्त-चित्त, त्रिशरण-शरणागत और सतत पुण्य कर्म से व्याप्त जो सभी देवता हैं, वे समस्त देवता परम सन्तोष हेतु बुद्ध वाक्य श्रवण कर आगमन करें।

देवतागण को पुण्यदान और रक्षा प्रार्थना

सब्बेसु सक्कवालेसु, यक्खा देवा च ब्रह्मानो।
यं अक्खेति कतं पुञ्ञं, सव्वसप्पत्तिसाधकं।।

सब्बे तं अनुमोदित्वा, समग्गा सासनरता।

पमादरहिता होन्तु आरक्खासु विसेसतो।।

सभी चक्रवालवासी यक्ष, देवता, ब्रह्मागण मुझ सर्वार्थसिद्ध साधक द्वारा किये सभी पुण्यकर्मों का अनुमोदन कर प्रमादरहित और एकताबद्ध हो शासन के हित में रत होंवे, विशेषत: शासन रक्षा कर्मों में सतर्क होंएँ।

शासन की उन्नति और रक्षा प्रार्थना

सासनस्स च लोकस्स बुड्टी भवतु सब्बदा

सासनम्पि च लोकब्ध देवा रक्खन्तु सव्वदा

सद्धिं होन्तु सुखी सव्वे परिवारेहि अत्तनो,

अनीघा सुमना होन्तु सह सव्वेहि ञातीभि।

बुद्ध शासन और जगत की सर्वदा श्री वृद्धि हो। देवगण सर्वदा शासन और जगत् की रक्षा करें। सभी अपने-अपने परिवार और जाति में देह-मन से प्रशांत हों।

देवता के निकट रक्षा प्रार्थना

राजतो वा, चोरतो वा, मनुस्सतो वा, अमनुस्सतो वा, अग्गित्वा वा, उदकतो वा, पिसाचतो वा, खानुकतो वा, कन्टकतो वा, नक्खउतो वा, जनपादरोगतो वा, असद्धम्, मतो वा, असन्दिट्ठितो वा, असप्पुरिसतो वा, चत्त हक्खी-अस्स-मिग-गोण-कुक्कुर-अहि-विचद्दिदक-मणिसप्प-दीपि-अच्च-तरच्छ-सूकर-महिस-यक्ख-रक्खसादीहि नाना भयतो वा, नानारोगतो वा, नानाउपद्दवतो वा, आरक्ख गण्हन्तु देवता।

राजा, चोर, मनुष्य, अमानुष, अग्नि, जल, पिशाच, गोंजा, कन्टक, नक्षत्र, विसुचिका रोग, मिथ्यादृष्टि सम्पन्न व्यक्ति, असत पुरुष, उन्मत्त वारण, तुरंग हरिण, सांड, कुकुर, भुजंग, वृश्चिक, मणिधर सर्प, शार्दूल, भल्लूक, तरक्षु, शूकर, महिष, यक्ष, राक्षस इत्यादि से नाना प्रकार का भय, नाना प्रकार का रोग, नाना उपद्रव से देवगण रक्षा करें।

❑❑❑

अध्याय–4

वन्दना

वंदना

1. धर्म वंदना
2. संघ वंदना
3. वंदना और प्रार्थना
4. अष्टविंशती बुद्ध वंदना
5. बुद्ध, प्रत्येक बुद्ध, धर्म, संघ, आचार्य, उपाध्याय और सर्वचैत्य वंदना
6. त्रिचैत्य वंदना
7. बोधिवंदना
8. दंत-धातु वंदना
9. श्रीपाद वंदना
10. सप्त महास्थान वंदना
11. अष्ट-महास्तूप वंदना
12. बुद्ध द्वारा व्यवहृत द्रव्य-वंदना
13. त्रिरत्न, बोधि और समस्त धातुओं की वंदना
14. संघ वंदना
15. अग्रस्रावक वंदना
16. भिक्षु वंदना
17. मातृ वंदना
18. पितृ वंदना
19. बुद्ध के नौ गुणों की वंदना
20. बुद्ध वंदना – गाथा
21. बुद्ध और बोधिवंदना – गाथा
22. त्रिरत्न वंदना या गाथा-संग्रह
23. त्रिशरण गाथा
24. प्रणति गाथा
25. नरसीह गाथा
26. पुण्यानुमोदन गाथा
27. नामाष्ट शतकं गाथा

वन्दना

पारलौकिक सुख की आशा में पृथ्वी पर प्रत्येक व्यक्ति के अपने-अपने इष्ट देवता हैं जिनकी वे वंदना और उपासना करते हुए दिखाई पड़ते हैं। जो स्वयं को बौद्ध कहते हैं उनको प्रतिदिन सुबह और शाम बुद्धवंदना करनी आवश्यक है। घर के छोटे लड़के-लड़कियों से आरंभ करके सभी को इस कार्य के लिए अनुप्राणित करना उचित है। यह वंदना सामूहिक रूप में करने से पारिवारिक संतोष बढ़ता है और आत्मिक आनंद की प्राप्ति होती है। व्यवहारिक रूप से कुछ प्राप्त करना बुद्ध-वंदना का उद्देश्य नहीं है। भगवान बुद्ध की अनंत गुण राशि एवं महान आदर्श स्वयं के जीवन में प्रतिफलित करना एक विशेष प्रक्रिया है। साधारणत: लोभ, द्वेष, मोह और संसार के विविध विषाक्त वातावरण में मनुष्य का अंतर हृदय सर्वदा कलुषित रहता है। दिन में दो बार बुद्धवंदना द्वारा कुछ क्षणों के लिए मनुष्य का मन पवित्र होता है। वंदना को अपरिहार्य दैनिक कर्त्तव्य की तरह लेना उचित है। नित्य वंदना के द्वारा बुद्ध के प्रति श्रद्धा बढ़ती है। इस जीवन में सांत्वना और दूसरे जन्म में मनुष्य वृहत्तम उपलब्धि प्राप्त करता है। ई॰पू॰ दूसरी और पहली शताब्दी में सभी बौद्ध संप्रदायों में न्यूनाधिक बुद्ध भक्ति का विकास हुआ। त्रिशरण गमन तथा बुद्धानुस्मृति सर्वत्र प्रसिद्ध थी। बुद्ध भगवान् के अनुस्मरण कर उन्हें अंगविद्या में विदित महापुरुष लक्षणों के अनुसार कल्पित करना स्वाभाविक था। इन लक्षणों के अनुसार ध्यान में तथागत की मानस प्रतिमा ही उनकी भौतिक प्रतिमा पूर्वसिद्ध आदर्श थी। महासांघिकों ने "अनास्रव रूप" की कल्पना तथा तथागत की लोकोत्तरता से प्रेरित भक्ति भाव ने बुद्ध प्रतिमा के उपयोग की सहायता ली होगी तथा महायानी सिद्धांतों और भावना के विकास ने इसका समर्थन किया होगा। बुद्धों और बोधिसत्वों की पूजा और भक्ति का महायान में महत्त्वपूर्ण स्थान है।

धर्म वंदना

1) धम्मं जीवित परियतं शरणं गच्छामि।

2) ये च धम्मा अतीता च, ये च धम्मा अनागता, पच्चुपन्ना च ये धम्मा, अहं वन्दामि सब्बदा।

3) नत्थि में शरणं अञ्ञं, धम्मो में शरणं वरं, ऐतेन सच्च वज्जेन होतु में जयमंगलं।

4) उत्तमंगेन वन्दे हं धम्मञ्च तिविधं वरं धम्मे यो खलिते दोसो, धम्मो खमतु तं ममं।

1) मैं जीवित काल या निर्वाण प्राप्ति काल तक बुद्ध की शरण लेता हूँ।

2) अतीत में भगवान् बुद्ध द्वारा निर्देशित जो धर्म था, भविष्य में भगवान् बुद्धगण जिस धर्म का प्रचार करेंगे, वर्तमान में भगवान् बुद्ध द्वारा निर्देशित जो धर्म समूह विद्यमान है मैं उसी बुद्ध धर्म की वंदना करता हूँ।

3) धर्म के अतिरिक्त मेरा अन्य शरण नहीं है। धर्म ही मेरा सर्वश्रेष्ठ शरण है। इस सत्य वाक्य द्वारा मेरा जय तथा मंगल हो।

4) मैं नतमस्तक होकर भगवान द्वारा निर्देशित त्रिविध धर्म की वंदना करता हूँ। धर्म के प्रति यदि कोई दोष करूँ तो धर्म मुझे क्षमा करे।

संघ वंदना

1) संघं जीवितपरियंतं शरणं गच्छामि।

2) ये च संघा अतीता च, ये च संघा अनागता, पच्चुपन्ना च ये संघा अहं वंदामि सब्बदा।

3) नत्थि में शरणं अञ्ञं, संघो में शरणं वरं, एतेन सच्च वज्जेन होतु मे जयमंगलं।

4) उत्तमंगेन वन्दे हं संघञ्च दुविधुत्तमं संघे यो खलितो दोसो, संघो खमतु तं ममं।

1) मेरे जीवन काल और निर्वाण प्राप्ति तक मैं संघ की शरण लेता हूँ।

2) अतीत में जो संघ का है, भविष्य में जो संघ उत्पन्न होगा, वर्तमान में जो संघ है, मैं उसकी वंदना करता हूँ।

3) आदर्श संघ के अलावा मेरी कोई शरण नहीं है। संघ ही मेरा सर्वश्रेष्ठ शरण है। इसी सत्य वाक्य के द्वारा मेरी जय और मंगल हो।

4) मैं नतमस्तक हो दोनों प्रकार के संघ की वंदना करता हूँ। संघ के प्रति कोई दोष करता हूँ तो संघ मुझे क्षमा करे।

वंदना और प्रार्थना

1) बुद्धा धम्मा च पच्चेक बुद्धा संघा च सामिका।
दासो वहस्मि मे तेसं गुणं ठातु सिरे सदा

2) तिसरणं तिलक्खानुपेक्खं निब्बाणमन्तिमं सुखं सुवन्दे सिरसा निच्चंलभामि तिविधमहं।

3) तिसरणं सिरे ठातु सिरे ठातु तिलक्खणं,
उपेक्खा च सिरे ठातु निब्बाणं ठातु मे सिरे।

4) बुद्धे सकरूणे वंदे धम्मे पच्चेकसम्बुद्धे, संघे च सिरसा येव तिधा निच्चं नमाम्यहं।

5) नमामि सत्थुनोवादप्पमाद वचनन्तिमं। सब्बेपि चेतिये वन्दे उपज्झाया चरिये ममं।
मयहं पणामतेजेन चित्तं पापेहि मुञ्चतं, ति।

1) सम्यक् सम्बुद्ध, प्रत्येक बुद्ध, धर्म और संघ मेरे प्रभु हैं। मैं उनका दास हूँ, उनके गुण सर्वदा मेरे मस्तक पर प्रतिष्ठित हों।

2) त्रिशरण, त्रिलक्षण (अनित्य, दुख, अनात्म) उपेक्षा एवं अंत में निर्वाण की मैं नतमस्तक हो वंदना करता हूँ। मैं उसी त्रिशरण, त्रिलक्षण, उपेक्षा और निर्वाण को प्राप्त करूँगा।

3) त्रिशरण, त्रिलक्षण, उपेक्षा निर्वाण मेरे मस्तक पर प्रतिष्ठित हों।

4) करुणामय बुद्धसमूहों को, प्रत्येक बुद्ध समूहों को, धर्म एवं संघ को मैं नतमस्तक हो एवं त्रिविध द्वारों को नित्य नमस्कार करता हूँ।

5) तथागत का उपदेश और अप्रमादपूर्ण उन तीन वाक्यों में मैं नमस्कार करता हूँ। समस्त चैत्य एवं मेरे उपाध्याय और आचार्य समूह की वंदना करता हूँ। इस प्रणाम के प्रभाव से मेरा चित्त निष्कलुष हो।

अष्टविंशती बुद्ध वंदना

1) वन्दे तण्हंकरं बुद्धं
वन्दे मेघङ्करं मुनिं,
शरणङ्करं मुनिं वन्दे,
दीपङ्करं मुनिं नमे।

तन्हंकर "तृष्णाकर" बुद्ध को नमस्कार करता हूँ,
मेघंकर मुनि को नमस्कार करता हूँ।
शरणंङ्कर मुनि की वंदना करता हूँ।
दीपङ्कर जिन को नमस्कार करता हूँ।

2) वन्दे कोन्डञ्ञं सत्थारं,
वन्दे मंगलनायकं,
वन्दे सुमन सम्बुद्धं,
वन्दे रेवत नायकं।

कोन्डञ्ञं (कोन्डन्न) शास्ता की वंदना करता हूँ, मंगल नायक की वंदना करता हूँ, सुमन सम्बुद्ध की वंदना करता हूँ, रेवत नायक की वंदना करता हूँ।

3) वन्दे सोभित सम्बुद्धं
अनोमदस्सिं मुनिं नमे,
वन्दे पदुम सम्बुद्धं,
वन्दे नारद नायकं।

सोभित सम्बुद्ध की वंदना करता हूँ, अनोमदर्शि मुनि की ....
पदुम (पद्म) की ...., नारद नायक की ....

4) पदुमउत्तरं मुनिं वन्दे,
वन्दे सुमेध नायकं,
वन्दे सुजात सम्बुद्धं
पियदस्सिं मुनिं नमे

पदुमउत्तर (पद्मोत्तर) मुनि की वंदना करता हूँ, सुमेध नायक की . ..., सुजात सम्बुद्ध की ...., पियदस्सि (प्रियदर्शी) मुनि की . ...।

5) अत्थदस्सिं मुनिं वन्दे,
धम्मदस्सिं जिनं नमे,
वन्दे सिद्धत्थ सत्तारं,
वन्दे तिस्स महामुनिं।

अत्थादसि (अर्थदर्शि) मुनि की वंदना करता हूँ, धम्मदर्श जिन की ...., सिद्धार्थ शास्ता की ...., तिस्स महामुनि की ....।

6) वन्दे फुस्स महावीरं,
वन्दे विपस्सिनायकं,
सिखिं महामुनिं वन्दे
वन्दे वेस्सभू नायकं

फुस्स महावीर की वंदना करता हूँ, वीदर्शी नायक की ...., शिखी महामुनी की ...., बेश्रवन नायक की ....।

7) ककुसंधं मुनिं वन्दे
वन्दे कोनागमन नायकं,
कस्सपं सुगतं वन्दे
वन्दे गौतम नायकं।

ककुसंघ मुनि की वंदना करता हूँ, कोनागमन नायक की........, कश्यप सुगत की........., गौतम नायक की ....।

अट्ठविसतिं मे बुद्धा

निब्बानामतदायका,

नमामि शिरसा निच्चं

ते मे रक्खन्तु सब्बदा।

ये 28 बुद्ध निर्वाण अमृत के देने वाले हैं, मैं उनकी नित्य नतमस्तक हो वन्दना करता हूँ, वे सर्वदा मेरी रक्षा करें।

5) बुद्ध, प्रत्येक बुद्ध, धर्म, संघ, आचार्य, उपाध्याय और सर्वचैत्य वंदना

बुद्धाधम्मा च पच्चेक बुद्धा, संघा च सामिका

दासो, वहस्मि मे तसंग्नं ठातु सिरे सदा।

ति सरनं तिलक्खानु पेक्खं,

निब्बाणंमंतिमं सुखं,

सुवन्दे सिरसा निच्चं,

लभामि तिविधमहं।

तिसरणञ्च सिरे ठातु, सिरे ठातु तिलक्खनं,

उपेक्खा च सिरे ठातु, निब्बाणं ठातु मे सिरे।

बुद्धे सकरुणे वन्दे, धम्मे पच्चेक सम्बुद्धे,

संघे च सिरसा येव, तिधा निच्चं नमाम्यहं।

नमामि सत्थुनो वादप्पमाद, वचनन्ति मं,

सब्बेपि चेतिये वन्दे, उपज्झाचरिये ममं।

मय्हं पणाम तेजेन, चित्तं पापेहि, मुञ्चतं' ति।

वन्दामि चेतियं सब्बं सब्बट्ठानेसु, पतिट्ठितं

सारिरिक धातुं महाबोधिं, बुद्ध रूपं सकलं सदा

सम्यक् सम्बुद्ध, प्रत्येक बुद्ध, धर्म और संघ मेरे प्रभु, मैं उनका सेवक, उनके सभी गुणों के प्रति मेरा मस्तक नत रहे। मैं त्रिशरण, त्रिलक्षण, उपेक्षा और सुखश्रेष्ठ निर्वाण को नतमस्तक हो वंदना करता हूँ।

मैं उसी त्रिशरण, त्रिलक्षण, उपेक्षा और निर्वाण लाभ का इच्छुक हूँ। त्रिशरण, त्रिलक्षण, उपेक्षा और निर्वाण सर्वदा मेरे मस्तक में जागृत रहे।

करुणाघन बुद्ध, धर्म, प्रत्येक बुद्ध और संघ को मैं नित्य त्रिविधाकार काय, मन, वाक् की नतमस्तक हो वंदना करता हूँ।

भगवान के निर्वाणपद अप्रमाद पूर्ण अंतिम वाक्य की वंदना करता हूँ। मैं समस्त चैत्य और मेरे उपाध्याय, आचार्यगणों को प्रणाम करता हूँ।

इस वंदना हेतु मेरा चित्त पापमुक्त हो, समस्त सुप्रतिष्ठित चैत्य की मैं वंदना करता हूँ।

भगवान् की शारीरिक अस्थि, धातु, महाबोधि और सर्वबुद्ध प्रतिरूप की नित्य वंदना करता हूँ।

6) त्रिचैत्य वंदना

वन्दामि चेतियं सब्बं सव्व ट्ठानेसु पतिट्ठितं
सारिरिक धातुं महाबोधि बुद्धरूपं सकलं सदा

सभी स्थानों में प्रतिष्ठित बुद्ध के शारीरिक धातु, महाबोधि वृक्ष और समस्त बुद्ध रूप की मैं सर्वदा वंदना करता हूँ।

7) बोधिवंदना

1) सत्था सुनिलायतनेत्त्हारी
कंतम्बूधारा निपातेन सिञ्च
पूजेसि तं सत्त दिनानि बोधि-
राजं विरजं सिरसा नमामि

जिस बोधिराज शास्ता (बुद्ध) की नीले आयाताकार नेत्रों से निःसृत कांति रूप वाली अश्रुधारा से सप्ताह तक पूजा किया था, उसी उत्तम बोधिराज की मैं नत-मस्तक हो वंदना करता हूँ।

2) मूले दुमिन्दस्स निसज्ज यस्स
धीरो सुबोधि चतुसच्च मग्गं
मारं जिनित्वा समारं मुनिन्दो
तप्पादपिन्दं सिरसा नमामि।

जिस वृक्षराज के नीचे बैठकर मुनिन्द्र बुद्ध ने ससैन्य मार को परास्त कर चतुयार्य सत्यों को जाना था, उसी पादपेन्द्र की मैं नत-मस्तक हो वंदना करता हूँ।

3) यस्स मूले निसिन्नो'व सब्बारि-विजयं अका,
पत्तो सब्बञ्ञुतं सक्खा वन्दे तं बोधिपादपं।

जिस बोधिवृक्ष के नीचे बैठकर शास्ता ने सर्वविध अरि (शत्रु) को परास्त कर सर्वज्ञता को प्राप्त किया था, उस बोधिवृक्ष की मैं वंदना करता हूँ।

4) इमे हेते महाबोधि लोकोनाथेन पूजिता,
अहम्पि ते नमस्सामि, बोधिराज नमोत्थुते।

यह महाबोधि वृक्ष लोकनाथ बुद्ध द्वारा पूजित है, मैं भी उसी महाबोधि वृक्ष की वंदना करता हूँ। हे बोधिराज, तुम्हें नमस्कार।

दंत-धातु वंदना

एका दाठा तिदसपुरे, एका नागपुरे अत्थ,
एका गंधारविसये, एकासि पुन सीहले।
चतस्सो ता महादाठा निब्बानरसदीपिका,
पूजिता नरदेवेहि ता'पि वन्दामि धातुयो।

भगवान् बुद्ध का एक दन्त स्वर्ग के त्रिदशालय में, एक नागलोक में, एक गंधार राज्य में और एक सिंहल द्वीप में है। निर्वाण रसदीपक ये चार महादन्त नर देवों द्वारा पूजित होते हैं। मैं भी उस दन्त-धातु चतुष्टय की वंदना करता हूँ।

श्रीपाद वंदना

यं नम्मदाय नदिया पुलिने च तीरे
यं सच्चबद्धगिरीके सुमना च लग्गे,
यं तत्थ योनकपुरे मुनिनो च पादं
तं पाद-लांछनवरं सिरसा नमामि।

नर्मदा नदी बालूका भूमि में मुनिन्द बुद्ध के जो पदचिन्ह हैं, सत्यबद्ध पर्वतचूड़ा में जो पद-चिह्न हैं, सुमन पर्वत के ऊपर जो पद-चिह्न है एवं यौनकपुर में (अरब देश) जो पद-चिह्न हैं, मैं उन श्रेष्ठ पद-चिह्न समूहों की नत-मस्तक हो वंदना करता हूँ।

सप्त महास्थान वंदना

पठमं बोधिपल्लङ्कं दुतियं अनिमि सम्पि च,
ततियं चङ्कं मणसेट्ठं चतुत्थं रतनघरं।
पंचमं अजपालंच, मुचलिन्दञ्चं च्छट्ठमं,
सत्तमं राजायतनं, वन्दे तं बोधिपादपं।

प्रथम बोधिपालक को, द्वितीय अनिमेष चैत्य को, तृतीय चंक्रमण चैत्य, चतुर्थ रत्नधर चैत्य, पंचम अजपाल नग्रोध वृक्ष, षष्ठ मुचलिंद मूल, सप्तम राजायतनं वृक्ष, इन सप्त महास्थानों की मैं नतमस्तक हो वंदना करता हूँ।

अष्ट महास्तूप वंदना

एको थूपो राजगहे, एको वेसालिया पुरे
एको कपिलवत्थुस्मिं, एको च अल्लकप्पके।

एको'सि रामगामास्मिं, एको च वेदिपके,
एको पावेज्यके मल्ले, एको च कुसीनारके।

ऐते अट्ठ महाथूपा जम्बूदीपे पतिट्ठिता,
पूजिता नरदेवेहि ता'पि वन्दामि सब्बदा

राजगृह, वैशाली, कपिलवस्तु में, अल्लकप्प में, रामग्राम में, वेठद्वीप में, पावा राज्य में और कुशीनगर में ये आठ महास्तूप प्रतिष्ठित हैं। देव नर-गण इन स्तूपसमूहों की पूजा करते हैं। देव-नर पूजित इन अष्टमहास्तूपों की मैं वंदना करता हूँ।

बुद्ध द्वारा व्यवहृत द्रव्य-वंदना

पच्चत्थरणं मुकुटपुरे, बन्धुनामे तिथिवरं
मथुरायपुरे पत्तं कुरुनगरे निसिदनं।

पाटलिपुत्त नगरे करककाय बंधनं,
पञ्चालोदकसाटिं च चम्मखगुञ्च कोसले।
मिथिलाय पुरे पत्तधारिणी परिस्सावनं,
वासि सुचीघरं चापि इन्दपत्थे पुरुत्तमे।
ऊपाहनं कुञ्चिका चेव थविका पि च सब्बसो,
ऊसिर ब्राह्मणे-गामे कता रतनविचित्ता।
जिनेन परिभुत्ता परिक्खारे च धातुयो,
पूजिता नरदेवेहि सदा वन्दामि मुद्धना।

मुकुटपुर के बिछौने की चद्दर, बंधमति में त्रिचीवर, मथुरा में पात्र, कुरु नगर में बैठने का आसन, पाटलिपुत्र में जल-छानने वाला पात्र और कटिबंधनि, पंचाल राज्य में स्नान-चीवर, कौशल राज्य में चर्म का टुकड़ा, मिथिला में पत्राधार और जल-छानने का वस्त्र, उत्तमपुर इन्द्रप्रस्थ में उस्तरा और सुई रखने का पात्र, उसीर नामक ब्राह्मण गाँव में जूता, कुंचिका और झोला है। मैं उन सभी वस्तुओं की नत-मस्तक हो वंदना करता हूँ।

त्रिरत्न, बोधि और समस्त धातुओं की वंदना

बुद्धं धम्मञ्च संघं सुगत-तनुभवं धातुयो धातुगम्भे लंङ्काय जम्बूदीपे तिदसपुरवरे नागलोके च थुपे। सब्बे बुद्धस्स बिम्बे सकलदस-दिसे केस-लोमादिधातुं वन्दे सब्बेपि बुद्धं दसबलतनुजं बोधिचेंत्यं नमामि।

बुद्ध, धर्म और संघ को, तथागत के शारीरिक धातु और धातु खण्ड समूहों को, लंका में, जम्बू द्वीप में, स्वर्ग में एवं नागलोक में जो स्तूप हैं, समस्त बुद्ध प्रतिबिम्बों को एवं दसों दिशाओं के केश, रोमादि समस्त धातु और बोधिचैत्य को मैं नमस्कार करता हूँ।

संघ वंदना

उकासो अहं भन्ते संघं वंदामि, दारत्तयेन कतं
सब्बं अपराधं खमतु में भन्ते संघो। द्वितीय........ तृतीय.........।

भन्ते, मैं संघ की वंदना करता हूँ। त्रिविध द्वारों के द्वारा किए गए मेरे समस्त अपराधों के लिए संघ मुझे क्षमा करें। द्वितीय तथा तृतीय बार करना चाहिए।

अग्रस्त्रावक वंदना

1) बुद्धत्तने मुनिंदस्स आसुं ये अग्गसावका
महोदीध'व गंभीरा सेला' व अचला सदा
चन्दो 'व विमला सुद्धा तेजवन्तो' व सुरियो
पारगु सब्बधम्मानं कतकिच्चा अनासवा
सारिपुत्त - मौग्गल्लाना नामध्येय महायती
वन्दे सारीरिकं तेसं जनमानित पूजितं।

मुनिन्द्र बुद्ध के दो अग्रश्रावक शिष्य जो महासमुद्र की तरह गंभीर, पर्वत की तरह अचल, चंद्रमा की तरह विमल शुद्ध और मार्तंड की तरह दीप्तिमान और सर्वधर्म में पारदर्शी कृतकृत्य एवं तृष्णा से मुक्त हैं- सारिपुत्र और मोद्गल्यायेन नाम के दोनों महायतियों की लोगों द्वारा पूजित शारीरिक धातु की मैं वंदना करता हूँ।

2) दस्सेसि मग्गमरियं जनतं सदा यो
पञ्चापदीप जुतिया तिमिरं हनन्तो
ञ्आणीनमग्गतगतो सुगतानुसारी
सो मंगलं विदहतं वर-सारिपुत्तो।

जिस प्रज्ञा प्रकाश से तिमिर-समूहों का नाश कर सर्वदा जनगणों को श्रेष्ठ आर्य मार्ग का प्रदर्शन करते हैं एवं जो ज्ञानियों में श्रेष्ठ। ऐसे सुगम मार्ग के पालन करने वाले, यतियों में श्रेष्ठ सारिपुत्र संसार का अनन्त कल्याण करते हैं।

3) इद्धिं विधेत्वा विविधं सुविधंसंयतो
दिट्ठीगतानि पन यो करुणाय सत्ते
मोचेसि इद्धिमतमग्गपदस्स लाभी
सो मंगलं विदहतं वर-मोग्गल्लानो।

प्रचुर रिद्धि-शक्ति के अधिकारी जिन्होंने करुणामय चित्त से प्राणियों की विविध मिथ्या दृष्टियों को दूर कर बहुत से प्राणियों को दुःख से मुक्त किया है, ऋषियों में श्रेष्ठ पद प्राप्त कर मौद्गल्यायन ने संसार में विविध मंगल-कार्य किये हैं

भिक्षु वंदना

उकास वन्दामि भन्ते, द्वारत्तयेन कतं सब्बं अपराधं खमतु मे भन्ते। द्वितीयम्पि .... तृतीयम्पि भन्ते, मैं आपकी वंदना करता हूँ। त्रिविध द्वारों में किए हुए मेरे सभी अपराधों को क्षमा कीजिए। द्वितीय .... तृतीय बार दोहराना चाहिए।

मातृ वंदना

कत्वान काये रुधिरं खीरं या सिनेहपूरिता, पायेत्वा मं संबड्ढेसि वन्दे तं मम मातरं।

जो माता स्वयं के रक्त से निर्मित, स्नेह-सिक्त स्तनपान कराकर मेरा लालन-पालन की है, उस माता की मैं वंदना करता हूँ।

पितृ वंदना

दयाय परिपुण्णों' व जनको यो पिता मम,
पोसेसि बुद्धिं कारेसि वन्दे तं पितरं मम।

जिस दयालु पिता ने मेरा पोषण और बुद्धि का विकास किया है, उस पिता की मैं वंदना करता हूँ।

बुद्ध के नौगुणों की वंदना

अरहं अरहो'ति नामेन, अरहं पापं न कारये,
अरहत्तफलं पत्तो, अरहं नाम ते नमो।

सम्मासम्बुद्ध ञाणेन सम्मासम्बुद्ध देसना,
सम्मासम्बुद्ध लोकस्मिंन सम्मासम्बुद्ध ते नमो

विज्जाचरणसम्पन्नो तस्स विज्जा प्रकासिता,
अतीतानागतुप्पन्नो विज्जाचरण ते नमो।

सुगतो सुगतत्थानं सुगतो सुन्दरं पि' च,

निब्बानं सुगतिं यन्ति सुगतो ना ते नमो।

लोक विदु'ति नामेन अतीतानागते विदू,

संसार-सत्तमोकासे लोकविदु नाम ते नमो

अनुत्तरोञ्ञाण नोसीलेन यो लोकस्स अनुत्तरे,

अनुत्तरो पूज-लोकास्मिं तं नमस्सामि अनुत्तरो।

सारथी पूज-लोकास्मिं तं नमस्सामि सारथी

देव-यक्ख मनुस्सानं लोके अग्गफलं ददं,

ददन्तं दमयन्तानं पुरिसाजञ्ञं ते नमो।

भगवा भगवा युत्तो भग्गं किलेस वा हतो,

भग्गं संसारो मुत्तारो, भगवा नाम ते नमो।

बुद्ध वंदना

दिस्वा यो दुक्खखिन्ने करगतममतं

दुक्खखिन्नं पहाय

लोकस्सत्थं चरन्तो अमतमिवभजं

घोर संसार-दुक्खं

दानादि पारमी सन्निचय सुमतिमा

पत्तवा बुद्ध भावं

संसारंबोधिनावं तमसमसरणं

देवदेवं नमामि

सारथी सारथी देवा यो लोकस्स सुसारथी,

बुद्ध और बोधि वंदना

1) यो लोकत्थाय बुद्धो धनसुत-भरिया

अङ्ग जीवे चजित्वा,

पूरेत्वा पारमियो तिदसमनुपमे
बोधिपक्खीय धम्मे।

2) पत्वा बोधिं विसुद्धं सकल गुणददं
सेट्ठभूतो तिलोके,
कत्वा दुक्खस्स अन्तं कतसुभजनतं
दुक्खतो मोचयित्थ।

3) नत्वानाहं जिनं तं समुपतित-सुभं
सब्बलोकेक बंधुं,
नाथ्ह येनापि तुल्यो कुसल-महिमतो
उत्तमो भूतलोके।

4) तस्सेवे' मं सुविमहं सुविपुलममलं
बोधिसंभार-भूतं,
हेतुं हेत्वानुरुपं सुगत-गतफलं
भासतो मे सुनाथ।

5) यो संसारेसु दुक्खं अमतमिवभजं
सब्बसत्ते दयाय,
तेसं दोसग्गिजालं कमलसलिलतो
साधु निब्बापयन्तो।

6) बुद्धो बोधिञ्च पत्तो सकलमतिवसी
पत्त-सब्बञ्ञूभावं,
तंचाहं तस्स बोधि पमुदित-मनसा
सब्बकालं नमामि।

त्रिरत्न वंदना या गाथा संग्रह

त्रिरत्न वंदना–

(1) बुधजन-पङ्कज बोधन-विस्सुत
भानुरंसिनिभ-कित्तियुतं'

नमुचिभ-संहति
कुम्भविदारण
छेक-नरूत्तम विहसमं।

सुर-नर वन्दित-चक्कवरंक्ति
लक्खण-मण्डित पादयुगं,
पणमामि सारद दस-बल-धारित
देह-विराजित-बुद्धमहं।

तसिण-तमोघ विनासन-भासुर
लोक-सुविस्सुत दीपसमं,
जिनसुत-कांचन-हंसनिसेवित-
वारि विराजित सरोवरं।

बुधजन थोमन कामद दातुल
बुद्धमदीरित सेट्ठतरं,
पणमामि अब्भुत सारद-सम्भुत
धम्महं वर-सीथिपथं।

जन-मन-तोषन सील विभूसन
लंकत-सुदर देहधरं,
सुगत-वरेरित धम्म-सुनिम्मल
नीर-सुसोधित सुद्धमनं।

वर-करुणाकर लोकहितामत
साधनमुत्तमञ्आणनुंयुतं
पणमामि सारद सार-जिनोरस-
सब्ब-पापहत-सङ्घवरं।

(2) 1) नमो नमो बुद्ध - दिवाकराय
नमो नमो गोतम-चन्दिमाय,
नमो नमो', नन्तगुणण्णवाय
नमो नमो साकिय-नन्दनाय।

2) ब्रह्मिन्द-देविन्द-नरिन्द-राजं
बोधिं सुबोधिं करुणा-गुणग्गं,
पञ्ञापदीपज्जलितं जलन्तं
वन्दामि बुद्धं भवपारतिण्णं।

3) नमो नमो सक्य कुलद्धजाय
नमो नमो सज्जनमादधाय
नमो नमो निब्बुति-निज्जराय
नमो नमो लोक-पभङ्कराय।

4) नमो ते करुणाभार नमो ते मतिसागर
नमो ते अमताकर नमो ते नरभाकर,
नमो ते हतसंसार नमो ते नरकुंजर
नमो ते जगताधार नमो ते अमतण्णव।

5) रंसिमाल नमो तुयहं नरंम्बुग्गुहमण्डन
जलमाल नमो तुयहं भवारञ्च-दावानल,
इधानन्त ग्गुणाधार सद्धम्म-रतनाकर
पादे वन्दामि ते नाथ सद्धायतन-मुद्धना।

1) बुद्ध, दिवाकर, गौतमचंद्र, अनन्तगुणों वाले और शाक्यनन्दन को नमस्कार।

2) जो ब्रह्माधिपति, देवाधिपति, नराधिपति राजा, जो उत्तम बोधि (ज्ञान) प्राप्त और करुणा, गुणों से संसार में श्रेष्ठ, प्रज्ञालोक से आलोकित, मैं उसी भवसंसार को पार करने वाले बुद्ध की वंदना करता हूँ।

3) शाक्यकुल के ध्वजा स्वरूप, साधुगणों के आश्रय बुद्ध को नमस्कार जो निर्वाण प्राप्त करके जरा के हाथों से मुक्त है और जो जगत के आलोक हैं, उन बुद्ध को नमस्कार।

4) हे करुणाभार बुद्ध आपको नमस्कार।
हे प्रज्ञासागर बुद्ध आपको नमस्कार।

हे अमृत के आकर आपको नमस्कार।

हे नरभास्कर आपको नमस्कार।

हे नरसिंह आपको नमस्कार।

हे जगतधार आपको नमस्कार।

5) हे रश्मि (सूर्य) आपको नमस्कार। जिस तरह पद्म जल की शोभा बढ़ाता है, वैसे ही आप भी मनुष्यों की शोभा बढ़ाते हैं, संसार में आप अग्नि को प्रज्वलित करने वाले हैं, इहलोक में आप अनन्त गुणों की खान और सद्धर्भ में रत्नाकर हैं। श्रद्धा से नतमस्तक हो मैं आपकी वंदना करता हूँ।

3) सतत-वितत-कित्तिं धस्त कन्दप्पदप्पं
तिभव-हितविधानं सब्ब-लोकेककेतुं,
अमितमतिमनग्गं सन्तिदं मेरुसारं
सुगतमहमुदारं रूपसारं नमामि।
हतदुरित-तुसारं मोहपङ्को पतापं
मनकमल-विकासं जन्तु नं सेसकानं
कुमति कुमुदनासं बुद्धपुब्बाचलग्गा
उदित महमुदारं धम्मनानुं नमामि।
सकल-विमल-सीलं धोत-पापारि-जालं
सुर-नर-महनेय्यं पाहुनेय्यांथ्हनेय्यं,
ऊजुपथपटिपन्नं पुञ्ञक्खेतं जनानं
गणमहमभिवन्दे सारदं सादरेन।

4) विसारदं वादपथतिवत्तिनं
तिलोक-पज्जोतमस सयह साहिनं
असेसञ्ञेय्यावरणप्पहायिनं
नमामि सत्थारमनन्तगोचरं।

तिलोकनाथप्पभवं भयापहं
विसुद्धविज्ञाचरणेहि सेवितं,
पपञ्च-संञ्ञोजन-वन्दनच्छिदं
नमामि धम्मं निपुणं सुदुद्दसं।

पसादमत्तेनपि यत्थ पाणिनो
फुसन्ति दुक्खक्खयमच्चुतं पदं,
तमाथ्हणेय्यं सुसमाहितिन्द्रियं
नमामि संघ मुनिराज-सावकं।

1) यो सन्निसिन्नो वरबोधिमूले
मारं ससेनं महतिं विजेत्वा
सम्बोधिमागंछी अनन्तञाणनो
लोकुत्तमो तं पणमामि बुद्धं।

2) अट्ठङ्गिको अरियपथो जनानं
मोक्खप्पवेसो ऊजूका' व मग्गो।
धम्मो अयं सन्तिकरो पणीतो
नीय्याणिको तं पणमामि धम्मं।

3) संघो विसुद्धो वर-दक्खिणेय्यो
सन्तिन्द्रियो सब्बमलप्पहीनो,
गुणेहिनेकेहि समिद्धिप्पतो
अनासवो तं पणमामि सघं!

1) जो नरश्रेष्ठ अनन्त ज्ञानी, सम्यक् सम्बुद्ध श्रेष्ठ है, बोधिवृक्ष के मूल में विशाल सेना के साथ मार को परास्त करके जिन्होंने सम्बोधि प्राप्त की थी, उन बुद्ध को प्रणाम करता हूँ।

2) जो धर्म, आर्य अष्टांगिक मार्ग, जो सभी लोगों के लिए मोक्ष का सीधा रास्ता है, शांतिकर है, प्रणति (श्रेष्ठ) है एवं जो धर्म निर्वाण की ओर ले जाता है, उस धर्म को प्रणाम करता हूँ।

3) जो संघ विशुद्ध एवं श्रेष्ठ दानपात्र से युक्त है, जिसके इन्द्रिय समूह शांत है, जो सभी प्रकार से पाप मल से हीन हैं, जो अनेक गुणों से विभूषित हैं और आस्रव क्षय हेतु अनास्रव हैं। उस संघ को प्रणाम करता हूँ।

गाथा संग्रह

त्रिशरण गाथा

1) यो वदतं पवरो मनुजेसु
सक्यमुनी भगवा कतकिच्चो
पारगतो वलविरिय-समङ्गी
तं सुगतं सरणत्थमुपेमि।

2) राग-विरागमनेजमसोकं
धम्ममसंघतमप्पटिकूलं,
मधुरमिमं पगुणं सुविभत्तं
धम्ममिमं सरनत्थमुपेमि।

3) यत्थ च दिन्नं महप्फलमाथ्ह
चतुसु सुचिसु पुरिस-युगेसु,
अट्ठ च पुग्गला धम्मदसा ते
संघमिमं सरणत्थमुपेमि।

प्रणति गाथा

1) उज्जूल-वदन-गौरवरं-देहं
विनशति निरवधि भाव-विदेहं
त्रिभुवन-पावन कृपया लेशं
त्वं प्रणमामि च श्रीमाया-तनयं।

2) गर-गर अंतर-भाव-विकारं
दुर्ज्जन-तर्ज्जन-नाद-विशालं
भवभय-भंजन-कारण-करुणं
त्वं प्रणमामि च श्रीमाया-तनयं।

3) अरुणाम्बर - धर - चारुकपोलं
इन्दु-विनिन्दित-नखचय-रुचिरं
जल्पित-निजग्गुन-नाम-विषादं
त्वं प्रणमामि च श्रीमाया-तनयं

4) विगलित-नयन-कमलज-धारं
भूषण-नवरस-भाव-विकारं
गति-अति मनोहर-गजेन्द्रवेशं
त्वं प्रणमामि च श्रीमाया-तनयं।

5) चंचल-चारु-चरण-गति रुचिरं
रंजित-मज्जिर-मुखरस-धीरं
इन्दुविनिन्दित-शीतल-वदनं
त्वं प्रणमामि च श्रीमाया-तनयं।

6) त्रिचीवरधारी पिन्डपात्र-हस्तं
दिव्य-कलेवर-सुमण्डित-मण्डं,
दुर्ज्जन-किल्मिष-खण्डन-दण्डं
त्वं प्रणमामि च श्रीमाया-तनयं।

7) भुवन-तरुज-अलकावलि-ललितं
कस्मित-बिम्बाधर-वर-रुचिरं,
मलयज-विरचित-ऊज्जवल तिलकं
त्वं प्रणमामि च श्रीमाया-तनयं।

8) निन्दित-अरुण-कमलदल-नयनं
आजानुलम्बित-श्रीभुज-युगलं
दानशील-भावना-नित्यदेशकं
त्वं प्रणमामि च श्रीमाया तनयं।

नरसीह गाथा

1) चक्कवरंकित - रत्न - सुपादो
लक्खण-मण्डित-आयत-पण्हि,
चामर-च्छत्त-विभूसित-पादो
एस हि तुह्य पिता नरसीहो।

2) सक्यकुमारवरो सुखुमालो
लक्खण-वित्थत-पुण्णसरीरो;
लोकहिताय गतो नरवीरो
एस हि तुह्य पिता नरसीहो।

3) पुण्ण-ससङ्कनिभो मुखबण्णो
देव-नरान पियो नरनागो;
मत्त-गजिन्द-विलासित-गामी
एस हि तुह्य पिता नरसहो।

4) खत्तिय-सन्भव-अग्ग कुलीनो
देवमनुस्स-नमस्सित-पादो;
सील-समाधि-पतिट्ठित चित्तो
एस हि तुह्य पिता नरसीहो।

5) आयतयुत्त-सुसंट्ठितनासो
गोपखुमो अभिनील-सुनेत्तो
इन्दधनु-अभिनीलभमूको
एस हि तुह्य पिता नरसीहो।

6) वट्ट-सुमट्ट-सुसन्ठित-गीवो
सीह हनु मिगराज-सरीरो,
कांचन-सुच्छवि-उत्तम-वण्णो
एस हि तुह्य पिता नरासीहो

7) सिनिद्ध-सुगंभीर-मंजू-सुघोसो
हिन्दुल-वण्ण सुरत्त-सुजिवेहा;
वीसति वीसति सेत-सुदन्तो
एस हि तुह्य पिता नरसीहो।

8) अंजन-वण्ण-सुनील-सुकेसो
कांचन-पट्ट-विसुद्ध-ललाटो
उसधि-पण्डर सुद्ध-सु-ऊण्णो
एस हि तुह्य पिता नरसीहो।

9) गच्छति नील पथे विय चन्दो
तारगण परिवेठितरूपो;
सावकमज्झगतो समुनिन्दो
एस हि तुह्य पिता नरसीहो।

पुण्यानुमोदन गाथा

1) आकाससिन्धु-वन-पादप पव्वतट्ठा,
भुरि-सिनेरु-गिरिकन्दर-सागरट्ठा,
इच्चेवमादिसु-निवासित-भुतसेट्ठा
पुञ्ञायानुमोदथ सदेवगणा पइट्ठा।

2) दत्वान दानं सुगतो रसानं –
पालेत्वा सम्मा खलु पंचसीलं,
रूपे च थामे च यसे च भोगे
भावभवे' हं अनुनो भवेय्यं।

3) संसार-दुग्गविपिने भयदे असारे
रोपेत्वा दान-सुरपादपमच्चुलारं,
तस्सानुभावजनितं सुखमेसमानो
अन्तेनुभोस्मि सुखदं अमतप्फलन्ति।

नामाष्ट शतकं गाथा

1) सम्बुद्धं पुण्डीकाक्खं सर्ववज्ञं करुणाप्पदं,
सामन्तभद्रं शास्तारं शाक्यसिंहं नमाम्यहं।

2) श्रीघनं श्रीमतिं श्रेष्ठं शीलराशिं शिवंङ्करं,
श्रीमन्तं श्रीकरं शान्तं शान्तवेशं नमाम्यहं।

3) नेरात्मवादिनं सिद्धं निरवद्दं निरास्त्रवम्,
नीतिग्गं निर्म्मलात्मानं निष्कलंकं नमाम्यहं।

4) निर्ववादं निरहंकारं निर्व्विकल्पं तथागतं,
निर्धूतं निखिलक्लेशं निष्प्रपंचं नमाम्यहं।

5) विश्वेश्वरं विमुक्तिम्मं विश्वरूपं विनायकं,
विश्वलक्खणसम्पण्णं वीतरागं नमाम्यहं।

6) विद्याचरणसम्पण्णं विश्वेशं विमलप्रभं
विनीतवेशं विपुलं वीतदोषं नमाम्यहं।

7) दुर्दान्त-दमकं सर्ववं शुद्धं शोद्धो दनिं मुनिं,
सुगतं सुगतिं सौम्यं शुभ्र कीर्तिं नमाम्यहं।

8) योगीश्वरं दशबलं लोकग्गं लोकपूजितं,
लोकाचाय्र्यं निराचाय्र्यं लोकनाथं नमाम्यहं।

9) कलङ्कमुक्तं कामारिं अकलङ्कं कलाधरं,
कान्तमूर्त्तिं दयापात्रं कनकाभं नमाम्यहं।

10) परमार्थं परज्योतिं परमं परमेश्वरं
भवाभवकरं भव्यं भगवन्तं नमाम्यहं।

11) महामतिं महावीय्र्यं महाभिग्गं महावलं,
महोद्दमं महाधैय्र्यं महाबाथ्हं नमाम्यहं

12) आद्यं पवित्रं सर्व्वीयं अपराजितमचुत्यं,
मितं परहितं नाथं अमिताभं नमाम्यहं।

13) चतुर्मारारि-विजितं तत्वगं शंकरं शिवं,
सत्वसारं सदाचारं सार्थवाहं नमाम्यहं।

14) देवदेवं महादेवं देववन्दितमबय्यं,
प्रमाणातीत-देवेशं दिव्यरूपं नमाम्यहं।

15) जितेन्द्रियं जितक्लेशं जिनेन्द्रं पुरुषोत्तमं,
ऊत्तमं सुत्तमं ब्रह्मं पुण्यक्खेत्रं नमाम्यहं।

16) क्त्येंद यः पेठ्ठन्नित्यं प्रातरुक्खाय मानवः,
नामाष्टशतकं पुण्यं पवित्रं पापनाशनम्।

17) स लभेत मितान् भोगान् भोमान स्वर्गोद्भवंस्तथा,
व्याधयन्तं न बाधन्ते दुःस्वप्नं तस्य नश्यति।

18) आयुरारोग्य सम्पन्नश्च भोर्गेश्वर्यसमन्वितः
मेधावी कुलजो वाग्मी भवे जन्मनि जन्मनि।

❑❑❑

अध्याय–5

दान

दान

1. दान
2. दानफल की प्राप्ति का समय
3. उत्तम दान क्षेत्र
4. पुद्गालिक दान
5. उचित समय में दान
6. विशेष दान
7. परिष्कार दान
8. परिष्कार दान का पुण्य
9. कठिन चीवर दान
10. कठिन चीवर दान का फल
11. संघदान या सांघिक दान (भिक्षु संघ को दान)
12. पूर्वजों, प्रेत आदि के उद्देश्य से किया दान
13. दस प्रकार के पुण्य कर्म
14. पुण्यदान और पुण्यानुमोदन
15. उत्तम दानीय वस्तु
16. उत्तम दाता
17. कठिन कर्मवाक्य
18. अन्यान्य दान विषय
19. दानीय वस्तु की चोरी का फल

दान

बुद्धपुराण में उल्लेख आया है कि वैशाख शुक्ल सप्तमी को व्रत करना चाहिए क्योंकि उसी दिन बुद्ध धर्म में शाक्य धर्म चला, वैशाख सप्तमी को पुण्य नक्षत्र में बुद्धप्रतिमा को शाक्य वचन के साथ स्नान करना चाहिए और शाक्य साधुओं को वस्त्र दान देना चाहिए। इसी ग्रन्थ में बुद्ध-द्वादशी की चर्चा है और सोने की बुद्ध प्रतिमा को स्नान कराकर ब्राह्मण को दान देने का उल्लेख हैं। सातवीं शताब्दी के एक अभिलेख में भी बुद्ध का नाम दशावतारों में वर्णित है।

"मत्स्य : कूर्मो वराहश्च नरसिंहो च वामनः।
रामो रामश्च कृष्णश्च बुद्धः कल्की च ते दश।।

(वैष्णविज्म एण्ड शैविज्म, पृ० 41/42)

अवतार रूप में बुद्ध की पूजा लगभग सातवीं शताब्दी से होने लगी थी। भगवान् बुद्ध ने कहा था - "चेतनाहं भिक्खवे कम्मं वदामि" हे भिक्षुगण! मैं चेतना को ही कर्म कहता हूँ। चित्त से हीन या श्रेष्ठ चेतना ही अकुशल या कुशल कर्म है। दान करने के पूर्व, दान देते समय और दान करने के पश्चात् - इन तीन अवस्था में चित्त को लोभ-द्वेष-मोह से मुक्त रखना होगा। तभी दान कर्म का सही फल प्राप्त होता है।

दान शब्द से तात्पर्य है दी हुई से वस्तु या देने की चेतना या इच्छा से देने का अर्थ ही परित्याग करना, विसर्जन करना, स्व का त्याग कर स्वयं की वस्तु दूसरों को देना।

दान मुक्तिमार्ग का प्रथम सोपान है, दान ही मनुष्य का त्राण है - "दानं ताणं मनुस्सानं।" दुःख मुक्ति ही दान का मूल उद्देश्य है। लोभ, द्वेष, मोह इत्यादि अंतर की कालिमा का परित्याग न कर पाने से मुक्ति प्राप्ति की आशा करना व्यर्थ है। जन्म, धनसम्पदा, अङ्ग-प्रत्यंग और जीवन उत्सर्ग करने के पश्चात् मनुष्य अंतर की सभी कलुषिता का

परित्याग कर चिर शांतिमय निर्वाण प्राप्ति का अधिकारी हो सकता है। दान पारमिता वह पूर्ण कर्त्तव्य है जो जन्मांतर का सुख और संसार को दुःख से मुक्ति दिलाता है।

दान

दान देने के पूर्व तीन बातों पर विशेष ध्यान रखने की आवश्यकता है। वस्तु सम्पत्ति, चित्त सम्पत्ति और प्रतिग्राहक सम्पत्ति। अच्छे ढंग से न कमाया हुआ रुपया, पैसा या वस्तु दान करने की इच्छा, अच्छे ढंग से कमाया हुआ रुपया पैसा या वस्तु दान करने से दाता अधिक फल की प्राप्ति करता है, इसी को वस्तु सम्पत्ति कहा गया।

चित्त की उत्कृष्ट चेतना को ही चित्त सम्पत्ति कहा गया। दान देने के पूर्व, दान देते समय और दान देने के पश्चात् इन तीनों समय में चित्त का लोभ, द्वेष और मोह मुक्त आवश्यक है।

प्रतिग्राहक सम्पत्ति का तात्पर्य जो दान ग्रहण करते हैं। उनके पवित्रमय चरित्र के ऊपर कम और अधिक दानफल पर निर्भर करता है। इस संबंध में परिव्राजक वत्सगात्र और भगवान बुद्ध के वचनों का अनुधावन करना उचित है।

एक समय वत्सगात्र परिव्राजक भगवान से जिज्ञासा करते हैं- हे गौतम! मैंने सुना है कि अपने लोक को आप उपदेश देते रहते हैं कि-

"मुझे और मेरे शिष्यगणों को दान से महाफल होता है, अन्य को दान देने से महाफल नहीं होता।"- प्रत्युत्तर में बुद्ध ने कहा- "वत्स, प्रारंभ में ही तुम मेरे इस वाक्य को समझ कर रखो कि जो व्यक्ति दूसरों को दान देने के लिए मना करता है, वह तीन विषयों से परिपन्ती होता है। जबकि वह दायक के पुण्य को अन्तराय करता है, ग्रहीता को प्राप्त कर अन्तराय होता है और स्वयं की कीर्ति के प्रति संशय करता हैं।"

"वत्स, मैनें यह बात भी कही कि जो सड़ा नाला या नाली जिसमें समस्त प्राणी उत्पन्न होते रहते हैं। यदि कोई पुण्य की आकांक्षा वाला व्यक्ति भोजन के पश्चात् उच्छिष्ट थाली को धोकर उस नाली के पास निक्षेप पूर्वक यह कामना करता है-

"ये प्राणिसमूह मेरे! इस उच्छिष्ट खाद्य को खाकर जीवन यापन करें- यह भी पुण्य का (संचय) है। मनुष्य जैसे महाप्राणी के दान देने से किस परिमाण में उसे पुण्य प्राप्त हो सकता है, यह विचार कर देखना चाहिए। फिर भी शीलवान व्यक्ति को दान देने से महाफल होता है, यह कहता हूँ। किंतु अज्ञानी व्यक्ति व्यवहारिक रूप से पुण्य क्षेत्र को न जानकर दु:शील और भ्रष्टचरित्र वाले व्यक्ति को दान देते रहते हैं और अच्छे व साधु सत्पुरुष को दान नहीं देते हैं। अत: दान की प्रणाली एवं दानफल विशेष प्रकार से जानकर ही कर्म और कर्मफल के प्रति विश्वास रख कर पवित्र संघ स्थान या शीलवान पुरुष को ही दान देना उत्तम होता है।"

दानफल की प्राप्ति का समय

किसी-किसी दान का फल इसी जन्म में प्राप्त होता है। दान के गुरुत्व के अनुसार कोई-कोई प्रारंभिक काल में ही विपाक या फल देता है, कोई-कोई दान मध्यम काल में देने से मध्यम काल में फल दे देता है, कोई-कोई दान अंतिम समय में देने से अंतिम समय में फल देता है। इन सभी कर्मों को "दृष्टधर्म वेदनीय" कर्म कहा गया है।

जो कर्म सात दिनों के मध्य फल प्रदान करते हैं उन्हें "परिपक्व वेदनीय कर्म" कहे जाते है। पुण्य और मल्लिका देवी को एक सप्ताह में ही फल प्राप्ति हो गई थी।[1] मल्लिका देवी माली की लड़की थी। बुद्ध के प्रति भक्ति प्रदर्शित कर उसने एक फूल की माला दान की जिसके फलस्वरूप एक सप्ताह में ही वह कौशल राजा की रानी हो गई।

जो कर्म भविष्य में किये जाते हैं उनका विपाक जब भी होता है उन्हें "अपरापर्य वेदनीय" कर्म कहते हैं। दानीय वस्तु के भेद से दान तीन प्रकार का है-

(1) आमिष दान (2) अभय दान (3) धर्म दान

आमिष दान दो प्रकार का है, स्वयं की वस्तु और बाहर की वस्तु। बाहर की वस्तु से सब यही है-

---

1. विशुद्धिमार्ग (द्वितीय भाग), पृ॰ 71

"अन्नं पानं वक्खं यानं मालागंध विलेपनं
सेय्यावसथपदीपेय्यं दानवस्तुं इमे दसाति।"

अन्नं : अन्न, आहर्य, भात, तरकारी, मिठाई, फल, पिष्टक आदि खाद्य द्रव्य।

पानं : पानी, जल, शरबत, चाय, दूध, फलों का रस इत्यादि।

वक्खं : वस्त्र, त्रीचीवर और भिक्षुओं के व्यवहार में आने वाले अन्य वस्त्र एवं किसी भी प्रकार का वस्त्र दूसरे भिखारी को दान देना।

यानं : यान, पाल्की, हाथी, घोड़ा, गाड़ी, नौका आदि।

माला : फूलों की माला, अलंकार, हार आदि।

गंध : धूप, धूना, चन्दन, कर्पूर, कस्तूरी इत्यादि

विलेपनं : इत्र, घिसा हुआ चंदन, हिमानी, सुशीलमालती, वसंतमालती इत्यादि।

शय्या : शय्या, बिछौना, खाट, पलंग, गद्दा, बिस्तर की चादर, तकिया आदि

अवसथ : आवास, आश्रम, विहार, आराम, प्रासाद, कुटागार, हर्म्य, गुहा, लेन आदि।

पदीपेय्यं : प्रदीप-बत्ती, लैम्प, गैसलाईट, इलेक्ट्रिक लाइट इत्यादि।

स्वयं की वस्तु के दान से तात्पर्य स्वयं के हाथ, पैर, चक्षु इत्यादि से याचक का निश्चित उपकार होगा, जानकर जो जिसका प्रार्थी है उसका उसी को दान देना है। हिंसापूर्वक कष्ट देने का अभिप्राय या मारने की इच्छा की प्रार्थना करना उचित नहीं हैं। पागल को भी देना उचित नहीं है।

उत्तम दानक्षेत्र

दक्खिन विभङ्ग सूत्र में वर्णित है[1] एकबार भगवान् बुद्ध कपिलवस्तु के निग्रोधाराम में विश्राम कर रहे थे। महाप्रजापति गौतमी अपने हाथ से कपड़ा काट कर एक जोड़ा चीवर सिला कर भगवान् के निकट

1. मध्यम निकाय, तीसरा भाग

उपस्थित होकर बोलती हैं : भगवन् ! अनुकम्पापूर्वक आप यह चीवर ग्रहण करें। भगवान् कहने लगे : हे गौतमी ! संघ को दान करो। उससे संघ एवं मैं दोनों ही सम्मानित होंगे। महा प्रजापति गौतमी के दो बार और एक ही अनुरोध करने पर भगवान ने उत्तर प्रदान दिया।

आयुष्मान आनन्द भी भगवान से महाप्रजापति गौतमी के चीवर दान ग्रहण करने का अनुरोध करते हैं। तब भगवान दान के विषय में उपदेश करते हैं।

पुद्गालिक दान

हे आनन्द ! व्यक्ति विशेष के प्रति (पुद्गल के प्रति) दान को चौदह प्रकार से विभक्त किया जा सकता हैं। जैसे:-

1) तथागत अर्हत सम्यक् सम्बुद्ध को दान देना प्रथम प्रकार का श्रेष्ठ दान हैं।[1]

2) प्रत्येक बुद्ध को दान देना यह द्वितीय प्रकार का श्रेष्ठ दान है।

3) अर्हत् को दान देना तृतीय प्रकार का श्रेष्ठ दान है।

4) अर्हत्वफल की प्राप्ति सचेष्ट हो बुद्ध श्रावक को दान देना चतुर्थ प्रकार का श्रेष्ठ दान है।

5) अनागामी को दान देना पंचम प्रकार का श्रेष्ठ दान है।

6) अनागामी फल प्राप्ति के लिए सचेष्ट बुद्धश्रावक को दान देना षष्ठ प्रकार का श्रेष्ठ दान हैं।

7) सकृदागामी को दान देना सप्तम प्रकर का श्रेष्ठ दान है।

8) सकृदागामी फल की प्राप्ति के लिए सचेष्ट बुद्ध श्रावक को दान देना अष्टम् प्रकार का श्रेष्ठ दान है।

9) स्रोतापन्न को दान देना नवम् प्रकार का श्रेष्ठ दान है।

10) स्रोतापत्ति फल की प्राप्ति हेतु सचेष्ट बुद्ध श्रावक को दान देना दशम् प्रकार का श्रेष्ठ दान है।

---

1. यहाँ श्रेष्ठ दान का अर्थ पुद्गलिक दान से है।

11) बाह्यिक कामसंयत व्यक्ति या कर्म और क्रियावादी लौकिक रूप से अभिज्ञासम्पन्न तापस को दान देना एकादश प्रकार का श्रेष्ठ दान है।

12) साधारण शीलवान व्यक्ति को दान देना द्वादश प्रकार का श्रेष्ठ दान हैं।

13) साधारण एवं दु:शील व्यक्ति को दान देना त्रयोदश प्रकार का श्रेष्ठ दान है।

14) तीर्यग योनि के अंतर्गत (पशु-पक्षी इत्यादि) प्राणी को दान देना चतुर्दश प्रकार का श्रेष्ठ पुद्गालिक दान है।

उचित समय में दान

उचित समय में दान देना उचित है। प्रत्येक दायक के अनुसार दान देना ही "कालदान" कहलाता है। दान ग्रहीता का कोई कार्य नहीं है प्रत्युत दायक के संतोष के लिए या प्राप्त किया कह ग्रहण करने में दायक को अधिक पुण्य नहीं होता। ग्रहीता के अनुसार देने पर वे उसका उपभोग करते हैं। उससे दाता और ग्रहीता दोनों का ही उपकार होता है। इसी कारण उचित समय देखकर दान देना बहुत अच्छा होता है। कालदान पाँच प्रकार से दिया जाता है-

क) आगन्तुक भिक्षुक को दान

ख) विशेष गमण के लिए प्रयुक्त भिक्षुक को दान

ग) रोगी भिक्षुक को दान

घ) दुर्भिक्ष के समय दान

ङ) अन्य नया शस्त्र, नया फल या अपने घर में उत्पन्न कोई भी द्रव्य का शीलवान को दान। दायकगणों को इन पाँच बातों का स्मरण रखना चाहिए। जो व्यक्ति अधिक पुण्य की प्राप्ति एवं पुण्य फल के सुख की आशा करते हैं वे कोई भी नये द्रव्य द्वारा बुद्ध पूजा करें या भिक्षुओं को दान देने के पश्चात् स्वयं भोग करें।

चट्टग्राम में नया अन्न आने पर पितृदान में यही उद्देश्य नीहित रहता है। इसी कारण भगवान् ने कहा था-

काले ददन्ति सप्पञ्ञ वदञ्ञू वीतमच्छरा,

कालेन दिन्नं अरियेसू, उजुभूतेसु तादिसु,

विप् पसन्नमना तस्स विपुला होति दक्खिना।

कर्म ही अपना है और कुछ भी अपना नहीं हैं, इस ज्ञान को जानने वाले व्यक्ति दान गृहीता का अर्थ समझता है, मात्सर्य (कृपणता) से युक्त चित्त से दान के पूर्व उस समय और पश्चात् भी प्रसन्न मन, उपयुक्त समय, काय-वाक-चित्त से सरल होकर आर्यगणों को दान देने से महाफल दान होता है।

दाता दान कर पुण्य की प्राप्ति करते हैं। दूसरे लोग जो केवल हाथ फेरते हैं वे ऐसे नहीं होते-

ये तें अनुमोदयन्ति वेय्यावच्चं करोन्ति वा

न तेनं दक्खिना उना तेपि पुञ्ञस्स भागिनो।

जो 'साधू' कहकर दान का समर्थन करते हैं और जो अपने शारीरिक परिश्रम से दान करने में सहायक होते हैं वे भी पुण्य का हिस्सा प्राप्त करते हैं। उनका पुण्यफल कम नहीं होता।

तस्मा ददे अप्पटी वानचित्तो यत्थ दिन्नं महप्फलं

पुञ्ञानि परलोकम्पि पतिट्ठा होन्ति पाणनिन्ति।

इसी कारण लोभ, मात्सर्य आदि चित्त दान से असंतोष का जन्म होता है। सभी पाप भावनाओं का परित्याग कर उत्कंठा हीन चित्तसे संतोष सहित दान दें।

परलोक में मनुष्य के पुण्यकर्म रहते हैं जो सम्पत्ति और सुख प्रदान करते हैं।

विशेष दान

सभी प्रकार के "आमिष दान" इसके अंतर्गत आते हैं। फिर भी कोई-कोई दान विशेष कारणों से विशेष प्रकार से देना होता है। जैसे-

(1) परिष्कार दान (परिक्खारं - दानं)

(2) कठिन दान (कठिन चीवर-दानं)

(3) संघदान या सांघिकदान (भिक्षुसंघ को दान)

(4) जाति, प्रेत के उद्देश्य से दिया गया दान।

परिष्कार दान

"त्रिचीवरत्न पत्तक्त, वासी, सुचि, कायबन्धन, परिस्सवणक्त, देति दायको तुट्ठमानसो। युक्तयोगेन सासने एवंहि दातत्वं सदा।"

दायक संतुष्ट मन से त्रिचीवर, भिक्षापात्र, बाईस् (क्षुर) सूची, कमरबंधनी, परिश्रावन (जल छानने वाला) ये आठ प्रकार के द्रव्य देता है। ये सभी भिक्षुओं के नित्य व्यवहार में उपयोग आने वाली हैं। इनमें से एक भी कम होने से भिक्षु के लिए अपराध होता है। भिक्षुओं को सर्वदा इन आठ द्रव्यों को रखना पड़ता है। व्यवहारिक रूप से भिक्षुओं की यह अपनी सम्पत्ति होती है। बुद्ध शासन में श्रद्धासम्पन्न प्रसन्न दायक इन सभी द्रव्यों के अभाव को पूर्ण करते हैं। दायक भिक्षुओं के माता-पिता होते हैं। सन्तान को कुछ भी अभाव होने से माता-पिता ही उसे पूर्ण करते हैं। भिक्षुओं को अभाव होने से दायक-दायिका ही उसे पूर्ण करते हैं।

अष्टपरिष्कार दान का पुण्य - यह आठ प्रकार का पुण्य निम्नलिखित है :-

भिक्षु श्रमणों के लिए प्रयुक्त में आने वाली आठ वस्तुओं को ही अष्टपरिष्कार कहा जाता है-

1) संघाटि (बाह्यवस्त्र) 2) उत्तरासंघ (देह वस्त्र)

3) अर्न्तवास (परिधेय वस्त्रा) 4) पात्र (भिक्षपात्र)

5) क्षुर 6) सूई-धागा 7) कटि-बंधनी

8) जल छानने का गमछा

जो व्यक्ति संतोष सहित बुद्ध शासन के समूहों को श्रद्धा पूर्वक अष्ट परिष्कार का श्रद्धापूर्वक दान करता है वह भाग्यवान, धनवान और सुरूप होता है। भविष्य में वह संघ में दीक्षा प्राप्त कर बुद्धशासन में प्रसिद्ध होता है।

जो स्त्री श्रद्धापूर्वक, संतोष सहित अष्टपरिष्कार दान करती है वह धनवती, सौभाग्यवती और रूपवती होती है। सुन्दर अलंकारों को प्राप्त करती है।

जो बुद्धचित्त हो त्रिचीवर दान करते हैं वे सर्वदा सुन्दरता को ही प्राप्त करते हैं। वे सर्वदा मनोहर कपास के वस्त्रादि को प्राप्त करते हैं। त्रिचीवर दान का यही फल है।

जो पात्र (छावा) का दान करते हैं वे भाग्यशाली हो विभिन्न प्रकार के सुंदर-सुंदर सोना आदि द्वारा बने थाली, लोटा, कटोरी, हाँडी, बर्तन इत्यादि उत्तम पात्र आदि प्राप्त करते हैं।

वासी (बाईस) या क्षुर दान करने से दाता श्रद्धावान होता है। वह सर्वदा लोक का संदेह हरण करता है एवं लोक में श्रद्धावान बन प्रसिद्ध होता है।

सूची दान कर सुशिक्षित, तीक्ष्णप्रज्ञ, अर्थ और धर्म से युक्त, शिल्प द्वारा प्रसिद्ध होता है।

कायबंधन (कमर बंधनी) दान करने से देव और मनुष्यलोक में दीर्घायु होता है। सर्वदा देव मनुष्यगण उसकी रक्षा करते हैं एवं सर्वदा उनकी पूजा होती है।

परिश्रावन (जल छानने वाला) का दान कर संसार में सर्वदा विशुद्धकाय होते हैं, नीरोग और निर्भय होते हैं, पापहीन होकर रहते हैं।

पृथ्वी पर जब बुद्ध का आविर्भाव हुआ, उस समय देश-देशान्तर में हजारों श्रद्धावान कुलपुत्रों ने बुद्ध का शिष्यत्व ग्रहण करने हेतु जन्म लिया था। करुणामय बुद्ध ने उन्हें "एस भिक्खुगन" कह इन पुण्यात्मा कुलपुत्रों के हाथों से भक्तिमय पात्र चीवरधारी उपसम्पदा को प्राप्त हुए। यह अष्टपरिष्कार दान का ही फल है जिन्हें पूर्वकृत अष्टपरिष्कार दान के फल प्राप्त नहीं होते वे बुद्ध के पास भक्तिमय उपसम्पदा नहीं प्राप्त करते, इस जीवन में प्रव्रज्या प्राप्त करना उनके लिए दुष्कर होता है। उनके जीवन में एकबार होने पर भी भिक्षुसंघ में अष्टपरिष्कार का दान देकर इस प्रकार प्रार्थना करना उचित है।

इदम्मे पुञ्ञं अनागते एहि-भिक्खु भावाय पच्चयो होतु

अर्थात् यही पुण्य भविष्य में मेरे भक्तिमय भिक्षुत्व में प्राप्त होगा।

जगत् में जब सुमंगल नामक बुद्ध का आविर्भाव हुआ था तब गौतम बुद्ध सुरुचि नामक ब्राह्मण होकर सुमंगल बुद्ध को अष्टपरिष्कार दान प्रदान किये थे। बुद्ध ने ब्राह्मण को इस दान के फल-वर्णन के प्रसंग में गाथायें कहीं जो इस प्रकार हैं-

1) तिचीवरक्ख, पत्तक्खं वासि सूचि कायबंधन परिस्सावणक्ख देति दायको तुट्ठमानसो युक्तयोगेन सासने एवं हि दातव्वं सदा।

2) यो च पुरिसो सद्धो देति अट्ठपरिक्खारं भिक्खुनो बुद्धसासने विप्पसन्नेन चेतसा, सो च भवे समुप्पन्नो धनवा चेव भोगवा सुरुपो होति सव्वदा परिक्खारस्सिदं फलं।

3) सो च एहि भिक्खु जातो विसुद्धो बुद्ध सासने, पाकटो होति' नागते परिक्खारस्सिदं फलं

4) या च इत्थि सद्धायुक्ता देति अट्ठ परिक्खारं भिक्खुनो बुद्धसासने विप्पसन्नेन चेतसा, सा च भवे समुप्पन्ना धनवा चेव भोगवा सुरुपा सव्वदा होति परिक्खारस्सिदं फलं।

5) सा च लब्भति सव्वदा अलङ्कारक्ख रुचिरं,
महालता-पसादनं परिक्खारस्सिदं फलं

6) यो च देति तिचीवरं सुद्धचित्तेन सासने,
सो च भवेसु उप्पन्नो वण्णवा होति सव्वदा।

7) सो च लब्भति सव्वदा वक्खं कप्पासिकादिकं,
विचित्तक्ख मनापियं तिचीवरस्सिदं फलं

8) यो च ददाति पत्तक्ख सद्धाय बुद्धसासने,
सो च भवे समुप्पन्नो भोगवा होति सव्वदा।

9) सो लब्भति भाजने नानापलमनोपिये,
सुवण्णादिमया सदा पत्तदानस्सिदं फलं।

10) यो च ददाति वासिक्ख पीतिया जिनसासने,
सो च भवे संसरन्तो प्रञ्जवा होति सव्वदा।

11) सो च विसारदो होति नरानं कज्जचेच्छेदिको,
पञ्ञाय पाकटो होति वासिदानस्सिदं फलं।

12) यो च ददाति सुचिक्ख भिक्खुनो जिनसासने,
सो च लोके समुप्पन्नो च्छेकतरो भवे सदा।

13) सो च तिक्खपञ्ञो सदा अषथ्वधम्मेसु कोविदो,
सिप्पेसु पाकटो होति सुचिदानस्सिं फलदं।

14) यो च देति कायबंधनं पब्बजितस्स सासने,
सो च दीघायुको होति देवेसु मानुसे सदा।

15) सो च भवेसु जायन्तो नरदेवेहि रक्खितो,
सव्वदा पूजितो होति कायबंधनस्सिदं फलं।

16) यो देति परिस्सावणं विप्पसन्नेन चेतसा,
संसारे संसरन्तो सो सुद्धकायो भवे सदा।

17) सो च लोके जायमानो अरोगो निब्भयो सदा,
पापेहि विसुद्धो होति परिस्सावनस्सिदं फलं।

18) तस्मा हि पत्तितो पोसो सम्पस्सं सुखमत्तनो,
ददे अट्ठ परिक्खारं युत्तयोगस्स सव्वदा।

कठिन चीवर दान

त्रिपिटक ग्रंथों में उल्लेख आता है कि कठिन चीवर प्राप्त भिक्षु पाँच मास तक शीलविशुद्धि में सहायक पाँच फलों का भोग कर सकता है। दान ग्रहण करने के पश्चात् भिक्षु संघ परस्पर विनय सम्मत "कम्मवाचा" पाठ द्वारा चीवर को कठिन समझ कर समर्थन करते हैं। विनय पिटक के साथ इस दान का प्रत्यक्ष सम्बंध है।

दान में उत्तम कठिन चीवर बौद्ध जगत में बहुत सुपरिचित है। अन्य सभी दान वर्ष के किसी भी समय किये जा सकते हैं किंतु कठिन

चीवर दान वर्ष में मात्र एकबार ही हो सकता है। आश्विनी पूर्णिमा के पश्चात् दूसरे दिन प्रतिपद तिथि में, कार्तिक पूर्णिमा में सूर्योदय के पूर्व इस दान क्रिया का संपादन करना पड़ता है। त्रिशरण और पंचशील ग्रहण करने के पश्चात् ही कठिन चीवर दान करते हैं-

"इमं कठिनचीवरं (दुस्सं) भिक्खुसंघस्स देम, पूजेम, कठिनं अक्खरितुं।"

इसको तीन बार कहकर दान किया जाता है।

कठिन चीवर दान का फल

भगवान् बुद्ध ने कठिन चीवर दानफल के वर्णन का उल्लेख पाँच सौ अर्हत् शिष्यों के साथ हिमालय में किया था। वहाँ उन्होंने शुद्ध हृदय से प्रस्फुटित सहस्त्रदल से युक्त पद्म के ऊपर आसन ग्रहण किया। शिष्यगण उनको घेरकर शतदल विशिष्ट पद्म के ऊपर उपविष्ट हुए। उनके उसी रिपुजयी शिष्य मंडली के मध्य स्थित नागित स्थविर ने अतीत में एक जन्म में कठिन चीवर दान दिया था, प्रत्येक जन्म में दूँगा, वृक्ष और मनुष्यलोक को किस किस परिमाण में महासम्पत्ति का उपभोग किया उन सभी बातों को भिक्षु संघ ने अपने जन्म विषयक ज्ञान को व्यक्त करना आरंभ किया–

कठिन दानं दत्वान सङ्घे गुणवरुत्तमे,
इतो तिंसे महाकप्पे नाभिजानामि दुग्गतिं।

तीस कल्प पूर्व शिखी ने कहा कि बुद्ध के समय मैंने मनुष्यलोक में जन्म ग्रहण किया। उस समय मैंने भिक्षु संघ को कठिन चीवर दान दिया, इसके पश्चात् फिर दुर्गति का भोग नहीं-किया।

अट्ठारसानं कप्पानं देवलोके रमामहं
चतुंत्तिंसक्खतुं देविन्दो देवरज्जमकारयिं।

मैंने अट्ठारह कल्पकाल देवलोक के दिव्य सुखों का भोग किया। चौंतीस बार देवराज इन्द्र हुआ।

सहस्सक्खउं ब्रह्मा'व देवरज्जसिरीधरो,
सचे एमि मनुस्सत्रं अट्ठे जायिं महाकूले।

मैं सहस्त्रों बार देवराज श्रीधारी ब्रह्मा हुआ। ब्रह्मलोक से च्युत होकर मनुष्यलोक में उच्च वंश में महाधनी के घर में जन्म लिया।

आरपथे आरपथे चक्कवत्तिसुखं लभे,

यत्थ यत्थूपपज्जामि लभामि सब्बसम्पदं।

भोगे में ऊणता नत्थि कठिनदानस्सिदं फलं।।

इस महादान के पुण्य के प्रभाव से मैं ने अनेक बार चक्रवर्ती राजा का सुख भोगा है। जहाँ-जहाँ भी मैंने जन्म लिया वहाँ-वहाँ मुझे सम्पत्ति की प्राप्ति हुई। कहीं भी धन और ऐश्वर्य का अभाव नहीं हुआ। यह कठिन चीवर के दान का ही फल है।

एक समय भगवान् बुद्ध ने बोधिसत्व की अवस्था में कुलीन ब्राह्मण-वंश के संजय नामक ब्राह्मण कुमार के रूप में जन्म लिया था। तब भी उन्होंने संजय कठिन चीवर दान कर इस फल को प्राप्त किया। स्वयं भगवान ने कहा-

यावता सब्बदानानि एको वस्ससतं ददे,

एकस्स कठिनदानस्स कलं नाग घन्ति सोलसिं।

कोई दाता अन्य दानीय वस्तुएँ यदि एक सौ वर्ष तक भी दान करे, तब भी उसका फल एक कठिन चीवर दान करने के पूरे भाग का एक भाग भी नहीं होता।

यावता अट्ठ परिक्खारे एको वस्ससतं ददे,

एकस्स कठिनदानस्स कलं नाग्घन्ति सोलसिं।

यदि कोई दाता सौ वर्षों तक पात्र-चीवर आदि भिक्षुओं के प्रयोग में आने वाले अष्टपरिष्कार का दान करता है, वह कठिन चीवर दान से प्राप्त फल पुण्य के सोलहवें अंश का एक अंश भी नहीं होता।

चतुरासीति सहस्सानि कारापेत्वा विहारके,

वेजयन्तस्स सदिसे सव्वे ते रतनमये,

चतुद्दिस्स संघस्स नीय्यादेत्वा विहारके,

एकस्स कठिन दानस्स कलं नागयन्ति सोलसिं।

कोई दाता यदि स्वर्ग के वेजयन्त धाम के समान स्वर्ण-चाँदी आदि रत्नखचित चौरासी हजार विहार का निर्माण कर चारों दिशाओं में आगत अनागत भिक्षु संघ के उद्देश्य से दान करता है, तो उसका फल कठिन चीवर दान के पूरे भाग का एक भाग भी नहीं है।

यावता अकनिट्ठा च रजत-पव्वतं ददे,
एकस्स कठिनदानस्स कलं नाग्यन्ति सोलसिं।

यदि कोई इस पृथ्वी से एकनिष्ठ ब्रह्मलोक पर्यन्त ऊँचे रजत पर्वत का दान करता है तो भी एक कठिन चीवर दान के पूर्ण भाग का एक भाग भी नहीं मिलता।

सव्वदानं ददन्तेन अस्मिं पठवीमंगुले,
एकस्स कठिनदानस्स कलं नाग्यन्ति सोलसिं।

पृथ्वी की सभी प्रकार की दानीय वस्तु एकत्र कर दान करने से भी एक कठिन चीवर के दान का फल पूरे भाग का एक भाग भी नहीं होता।

बुद्धा पच्चेकबुद्धा च सावका चापि सब्बसो, एतेन अग्गदानेन तेपत्ता अमतं पदं।

सर्वज्ञ बुद्ध, प्रत्येक बुद्ध और बुद्ध शिष्यगण सभी इस उत्तम कठिन चीवर दान कर फल के रूप में अमृतपद प्राप्त करते हैं।

ददन्ति कठिनं दानं नरा च अथ नारियो,
इत्थिभावं न पप्पोन्ति संसरन्ता भवाभवे।

कोई भी स्त्री या पुरुष के कठिन चीवर दान करने पर वे उस उत्तम दान के प्रभाव से जन्म-जन्मान्तर स्त्री जन्म को प्राप्त नहीं होते।

यो सूचिकम्मं करेय्य पसन्नो तस्स चीवरे,
लभेय्य सो विमानत्थ कणकं द्वादस-योजनं
लभेच्छरा-सहस्सत्थ पोक्खरणिं सुभाषितं,
कप्परुक्खा दिसप्पन्नं मुत्ता-मणि-बेलुरियं।

जो व्यक्ति कठिन चीवर सिलाई करें, वह इस पुण्य फल का द्वादश योजन प्रमाण रूप में स्वर्ण विमान, सहस अप्सरा, मुक्ता-मणि वैदुर्य्य और कल्प-वृक्षादि से सुशोभित रमणीय दिव्य पुष्करणी को प्राप्त करता है।

श्रद्धा निसंससम्पन्नं पत्थदोस-विवज्जितं,

देसेसि कठिनं एतं विपुला तस्स दक्खिणा।

बुद्ध द्वारा दिये गये विनय विधान के अनुसार पूर्णिमा के दूसरे दिन कार्तिक पूर्णिमा तक एक महीने के बीच किसी भी दिन कोई भी अपनी इच्छा से कठिन चीवर दान दे सकता है। इसके पूर्व अथवा पश्चात् कठिन चीवर दान का विधान नहीं है। कठिन चीवर दान कर भिक्षुगण पाँच पापों से प्राण रक्षा और पाँच पुण्यफल का भोग करते हैं। इस जन्म में इसका फल अन्य दानों से अधिक है।

तस्माहि जानमानेन कठिनस्स गुणं बव्हुं

दातव्वं कठिनं दानं भविस्सति महप्फलंति।

कठिन चीवर दान के प्रकार, गुण जानकर प्रत्येक व्यक्ति को अंततः जीवन में एक बार श्रद्धा सहित कठिन चीवर का दान करना अपना कर्त्तव्य मानना चाहिए।

संघदान या सांघिकदान (भिक्षुसंघ को दान)

भिक्षु संघ को दान देना ही संघदान कहा जाता है। भगवान् बुद्ध ने आनन्द को सात प्रकार के संघदान के विषय में बताया था-

1) बुद्ध प्रमुख भिक्षु और भिक्षुणी को दान - यह प्रथम प्रकार का संघदान है।

2) बुद्ध के परिनिर्वाण के पश्चात् भिक्षु और भिक्षुणी संघ को दान - यह द्वितीय प्रकार का संघदान है।

3) केवल भिक्षु संघ को दान - यह तृतीय प्रकार का संघदान है।

4) केवल भिक्षुणी संघ को दान - यह चतुर्थ प्रकार का संघदान है।

5) भिक्षु संघ उपस्थित हो निर्दिष्ट संख्या में भिक्षु और भिक्षुणी के पुनः जन्म का अनुरोध कर दान देना-यह पंचम प्रकार का संघदान है।

6) संघ में निर्दिष्ट संख्या में भिक्षुयों से याचना कर दान - यह षष्ठ प्रकार का संघदान है।

7) संघ में निर्दिष्ट संख्या में भिक्षुणियों से याचना कर दान - यह सप्तम प्रकार का संघदान है।

किसी भी गृहस्थ को संघदान देने की इच्छा करने पर पहले संघ को निमंत्रित करना पड़ता है। "भन्ते, अमुक दिन मेरे घर में संघदान होगा, अनुग्रह कर उस दिन मेरे घर में आये संघ को पूर्ण करें एवं दान ग्रहण करें" ऐसा कह कम-से-कम पाँच भिक्षुओं को निमंत्रित करके आना चाहिए। पाँच से अधिक हो तो और भी अच्छा है। समस्त दानीय द्रव्य एक साथ रखकर भिक्षुगणों को "आइये संघ" कहकर बुलायें। त्रिशरण के साथ पंचशील ग्रहण कर दायक पुनः "नमो तस्स भगवतो अरहतो सम्मासम्बुद्धस्य" कहकर तीन बार इसको दोहरायें-

"इमं भिक्खं सपरिक्खारं भिक्खुसंघस्स देम" (यह भिक्षा चीवरादि परिष्कार सहित भिक्षुसंघ को देता हूँ) तीन बार ऐसा कहकर भिक्षुसंघ को दान करना चाहिए। पश्चात् इस संघदान के पुण्यफल को जाति (पूर्वजो) गणों को दान करने के उद्देश्य से "इदं मे आतीनं होतु सुखिता होन्तु अतयो" (यह पुण्य हमारे जातिगणों के मंगल हेतु हो, जातिगण सुखी हों) ऐसा तीन बार कह, पूर्वज मृत जातिगणों को पुण्य प्रदान करें। यदि चीवर आदि परिष्कार या वस्त्र आदि न हो तब "सपरिक्खारं" को हटाकर बोलें। किसी मृत व्यक्ति के उद्देश्य से संघदान करने पर "इमं भिक्खं सपरिक्खारं (या अपरिक्खारं) कालकतस्स असुकनामकस्स पुञ्ञखाय भिक्खुसंघस्स देम" तीन बार कहें पिता के लिए होने पर "कालकतस्स मयूहं पितुनो पुञ्ञक्खाय" (मेरे मृत पिता के पुण्य के लिए) एवं माता के लिए होने पर "कालकताय मयूहं मातु या पुञ्ञक्खायं" (मेरी मृत माता के पुण्य के लिए) कहना पड़ता है।

पूर्वजों, प्रेत आदि के उद्देश्य से किया दान

परलोकवासी माता, पिता, भाई, भतीजे, आत्मीयजन आदि के लिए पुण्य कार्य करने की प्रथा मनुष्य समाज के सभी धर्म संप्रदायों में

प्रचलित है। मृत पूर्वज़ों, प्रेतयोनि या मृत्यु को प्राप्त लोगों को दान देने की इच्छा होने से गंध, द्रव्य (चंदन, इत्र, सुगंधित पुष्पादि) धूप, प्रदीप या बत्ती, द्रवीय पदार्थ (जल, शरबत, मधु, तेल, दूध, दही), भात, तरकारी, पिठा, मिठाई आदि खाद्य सजाकर देते हैं।

गंधं धुपक्ख दीपक्ख पानीयं भोजनप्पि च

पटिगंणां हन्तु सन्तुट्ठा ञातिपेता इदं बलिं।

इस गाथा को तीन बार दोहराना चाहिए।

इदं वा जतीनं होतु, सुखिता होन्तु भातयो

कहकर सात बार जल डालें।

दस प्रकार के पुण्य कर्म

दान, शील, भावना, पुण्यदान, पुण्यानुमोदन, शारीरिक परिश्रम द्वारा पुण्य कार्य, पूजनीयों के प्रति सम्मान प्रदर्शित, धर्मदेशना, धर्मश्रवण एवं सम्यक्दृष्टि से दस प्रकार के पुण्य कर्म है।

दानं सीलक्ख भावना पत्ति पत्तानुमोदना

वेय्यवच्चापचायक्ख देसना सुति दिट्ठुजू।

उपासक-उपासिकायें यह सभी कर्म अथवा इनमें से कोई एक भी करके पुण्य की प्राप्त कर सकते हैं।

पुण्य दान और पुण्यानुमोदन

त्रिशरण ग्रहण, त्रिरत्नवंदना, शील ग्रहण, परित्राण पाठ करके और दानादि पुण्यकर्म कर मृत, पूर्वज वर्ग और सभी प्राणियों के कल्याण के उद्देश्य से पुण्यदान करना उचित है। पुण्यदान से पुण्यवृद्धि होती है जैसे ज्ञानदान से ज्ञानवृद्धि होती है। इसके अतिरिक्त थोड़ा पुण्य प्राप्त करने के लिए काय, मन, वाक से संकल्प करना होता है। मृत पूर्वजों में यदि कोई प्रेतयोनि में जन्म लेकर कष्ट भोगता है तो उसके उद्धार के लिए पुण्यदान करना पड़ता है। प्रेतगण आकर भक्तिपूर्वक उनका अनुमोदन करते हैं। इस अनुमोदन के कारण पुण्य के अनुरूप ही फल भी प्राप्त

होता है। बुद्ध के समय से लेकर आज तक बौद्ध समाज में पूर्वजों, प्रेतगणों आदि के पुण्यदान के लिए कुछ नियम इस प्रकार है-

1) इदं मे (वो) ञतीनं होतु सुखिता होन्तुञातयो। (इस दान द्वारा संक्षिप्त पुण्य) ये हमारे पूर्वजों के लिए होता है, पूर्वजों का समूह सुखी हो।

2) उन्नमे उदकं वट्ठं यथा निण्णं पवत्तति,
एवमेव इतो दिन्नं पेतानं उपकप्पति।

जिस प्रकार ऊँचे स्थान से जल नीचे की ओर प्रवाहित होता है, उसी प्रकार यहाँ दी हुई पुण्यराशी प्रेतलोक जाकर उनका उपकार करे।

3) यथा वारिवहा पूरा परिपूरेन्ति सागरं,
ऐवमेव इतो दिन्नं पेतानं उपकप्पति।

जल का वहन करने वाली नदी जल का वहन कर सागर को परिपूर्ण करती है, उसी तरह यहाँ पर दी हुई पुण्यराशी से परलोक में गये पूर्वजों का उपकार करे।

4) ऐत्तवता च अमेहहि सभ्रंतं पुञ्ञसम्पदं,
सब्बे देवा अनुमोदन्तु सब्बसाप्पत्ति सिद्धिया।
ऐत्तावता च अमेहहि सभ्रतं पुञ्सम्पदं,
सब्बे भूतो अनुमोदन्तु सब्बसम्पत्ति सिद्धिया।

यहाँ मैंने जिस पुण्य संपदा का संग्रह किया है उसकी समस्त सम्पत्ति सिद्धि हेतु सभी देवता सत्व और जीवों का अनुमोदन करें।

5) आकासट्ठा च भूम्मट्ठा देवनागा महिद्धिका,
पुञ्ञं तं अनुमोदित्वा चिरं रक्खन्तु सासनं।
आकासट्ठा च भूम्मट्ठा देवनागा महिद्धि का,
पुञ्ञं तं अनुमोदित्वा चिरं रक्खन्तु देसनं।
आकासट्ठा च भूम्मट्ठा देवनागा महिद्धिका,
पुञ्ञं तं अनुमोदित्वा चिरं रक्खन्तु मं परं।

महा ऋद्धि सम्पन्न आकाशवासी और भूवासी देवनाग समूह इस पुण्य का समर्थन करते हैं। बुद्ध शासन, बुद्ध धर्म, और मुझे एवं दूसरे सभी प्राणियों की चिरकाल तक रक्षा करें।

उत्तम दानीय वस्तु

उत्तम दानीय वस्तुएँ इस प्रकार हैं–

1) सम्यक् जीविका द्वारा अर्जित धन से खरीदी हुई वस्तु - अर्थात् शील द्वारा प्रतिष्ठित अर्जित धन द्वारा खरीदी वस्तु।

2) अस्त्र, सत्व (जीव), मांस, मद्य, विष आदि निषिद्ध व्यापार से विरत अर्जित धन द्वारा खरीदी वस्तु।

3) कपटता, चाटुकारिता, भाग्य गणना, परापवाद, सूदग्रहण करना इत्यादि को छोड़ अर्जित किए हुए धन से खरीदी वस्तु। कांस्य कूट (कांसा का परिमाप पात्र) और तुलाकूट (रुई दिया हुआ) द्वारा वजन से कम देने से विरत हो अर्जित किये हुए धन से खरीदी वस्तु।

4) उपरोक्त श्रेणी के अंतर्गत आने वाली उत्कृष्ट दान की वस्तु होना आवश्यक है।

उत्तम दाता

जो उत्तम दाता की श्रेणी में आते हैं वे–

1) शीलवान, दान विज्ञ, सम्यक् जीविका द्वारा अर्जित धन से सर्वोत्कृष्ट वस्तु खरीदकर पवित्र ग्रहीता को दान करते हैं।

2) दानकार्य करने के पूर्व "मैं दान करता हूँ" इस तरह त्याग के प्रति प्रेम का विचार उत्पन्न करते हैं।

3) दानकार्य के समय "मैं दान कार्य करता हूँ" इस तरह त्यागमयी भावना उत्पन्न करते हैं।

4) दान कार्य होने पर "मैं दानकर्म कर दिया हूँ" इसका विचार कर त्यागमयी भावना उत्पन्न करते हैं।

5) दानपुण्य सभी सत्वों (सभी प्राणियों) के कल्याण हेतु दान करते हैं, दानपुण्य "अपने लिए तथा सभी सत्वों के निर्माण हेतु हो" ऐसा कहते हैं।

कठिन कर्मवाक्य

सुनातु मे भन्ते संघो, इदं संघस्स कठिन चीवरं उप्पन्नं, यदि संघस्स पत्तुकल्लं, संघो इमं कठिनचीवरं तिस्सस्स भिक्खूनो ददेय्य, कठिनं अक्खरितुं ऐसा ञत्ति। सुनातु मे भन्तेसंघो इदं संघस्स कठिन चीवरं उप्पसनं, संघो इमं कठिन चीवरं तिस्सस्स भिक्खुनो देति, कठिनं अक्खरितुं। यस्सायस्मतो खमति इमस्स कठिन चीवरस्स तिस्सस्स भिक्खुनो दानं, कठिनं अक्खरितुं, सो तुण्हस्स, यस्स नक्खमति सो भासेय्य।

दिन्नं इदं संघेन कठिनचीवरं तिस्सस्स भिक्खुनो, कठिनं अक्खारितुं, खमति संघस्स तस्मा तुणही, एवमेतं धारयामि।

(इसे तीन बार बोलें)

प्रथम वर्षावासकारी भिक्षु कठिन चीवर को प्राप्त करने के पश्चात् एवं परवर्ती अरुणोदय के पूर्व उसी विहार के वर्षावासकारी अन्य भिक्षुओं के रहने पर उनको भी प्राप्त इस कठिन चीवर को इस प्रकार कह समर्थन कराना पड़ता है–

अक्खतं आबुसो संघस्स कठिनधाम्मिको कठिनक्खारो अनुमोदाहि (या अनुमोदथ)।

संघ द्वारा मुझे जो कठिन चीवर विनयपूर्वक दिया गया है उसका तुम (या तुमलोग) समर्थन करो। इस प्रकार करने पर अन्यान्य आवास करने वाले भिक्षुगण भी कठिन चीवर की प्राप्ति का फल प्राप्त कर लेते हैं। तत्पश्चात् दूसरे भिक्षु या भिक्षुगण इस प्रकार से समर्थन करते हैं–

"अक्खतं भन्ते संघस्स कठिनधाम्मिको कठिनक्खारो अनुमोदामि (तीन बार)"

अन्य विहार में वर्षावास यापन करने वाले भिक्षु या इस विहार में वर्षावास यापन न करने वाले या वर्षावास भंग करने वाले भिक्षु कठिनचीवर ग्रहण नहीं कर पाते एवं वे फल प्राप्ति से भी वंचित होते हैं।

अन्यान्य दान विषय

पुण्यकामी व्यक्ति विहार, तालाब, पुष्प-उद्यान आदि दान करके भी पुण्यार्जन कर सकता है। विहार दानकार्य इस प्रकार संपन्न होता है-

इमं विहारं आगत-अनागत चतुद्दिसस्स भिक्खुसंघस्स दानं देम, संघो यथासुखं परिभुज्जतु - (तीन बार)।

चारों दिशाओं से आगत अनागत भिक्षुसंघ के लिय यह विहार दान करता हूँ। भिक्षुसंघ या सुख के लिए इस विहार का परिभोग करें।

दानीयवस्तु की चोरी का फल

भिक्षु के प्रति व्यक्तिगत दान या भिक्षुसंघ के प्रति दी गई दानीयवस्तु के एकमात्र भिक्षु या भिक्षुसंघ ही परिभोग के अधिकारी होते हैं। कोई व्यक्ति विशेष या समिति नियम कानून बना कर भी उसके उत्तराधिकारी नहीं बन सकते क्योंकि उन्हें उसका दान नहीं किया गया है। यदि कोई व्यक्ति या कोई समिति ऐसा करती है तब वह संघ सम्पदा के अपहरण के अतिरिक्त कुछ नहीं है-

न विसं विसमिच्चाथ्ह, ब्रह्मडं विसमुत्तमं
विसं सखिं हन्ति ब्रह्मउं जातिजातियं।

ज्ञानीगण विष को विष नहीं कहते। वास्तव में ब्रह्म को या दानीय वस्तु ही सही में विष है। विष सेवन से मनुष्य एकबार मात्र मृत्यु का वरण करता है किन्तु दानीय वस्तु चुराने से जन्म-जन्मान्तर दुःख का भोग करता रहता है।

❑❑❑

अध्याय–6

शील

शील

1. शील - विशुद्धिमार्ग ग्रंथ में शील
2. पंचशील प्रार्थना
3. त्रिशरण
4. पंचशील
5. नमस्कार पाठ
6. अष्टशील
7. अष्ट शिक्षापद
8. शील का फल वर्णन
9. अष्टशील
10. स्वयं शील ग्रहण करने का नियम
11. अष्टशीलधारीगणों के कर्त्तव्य
12. दशसुचरिताशील - कायपाप विरति, वाक्पाप विरति, मनोपाप विरति
13. दशकुशल कर्म्मपथ (कम्मपथा)
14. शीलवान स्थविर के कर्त्तव्य एवं शील के गुण

शील

शील से तात्पर्य समाधान या शीलन अर्थात् शीलता द्वारा कायिक, वाचिक और मानसिक कर्म में संयम। शील कुशल धर्म समूहों की प्रतिष्ठा या आधार है। जो कुशल धर्म में प्रतिष्ठित होता है वह क्रमशः आत्ममुक्ति की ओर प्रस्थान करने में समर्थ होता है, वही शील है। शीलहीन व्यक्ति तिर्यक, प्रेत, नरक, मानवेतर के अन्तर्गत आता है। वह मनुष्य परमार्थ या प्रकृत मनुष्य नहीं होता। वह नीतिभ्रष्ट मनुष्य शरीरधारी मनुष्य मात्र है। राजा मिलिन्द नागसेन स्थविर के शील लक्षणों के विषय में वर्णन मिलता है। शील प्रतिष्ठा इस प्रकार है। पाँच प्रकार की इंद्रियाँ, पाँच बल, सातबोध्यंग, निर्वाणमार्ग, चार सम्यक् प्रधान, चार स्मृति प्रस्थान, चार ऋद्धिपाद इत्यादि कुशलधर्म समूहों की प्रतिष्ठा शील को आश्रय दे क्षीण नहीं होने देती अपितु वृद्धि और विपुलता को प्राप्त होती है।

इसको उदाहरण द्वारा समझाते हुए स्थविर कहते हैं– जिस प्रकार पहाड़, पर्वत, वृक्षलता आदि पृथ्वी पर वृद्धि और विपुलता को प्राप्त करते हैं, ठीक उसी प्रकार मुक्ति की इच्छा रखने वाले शील का आश्रय ले शील में श्रद्धा, वीर्य, स्मृति, समाधि एवं प्रज्ञा - इन पाँच इन्द्रियों और पाँच बल में ध्यान लगाते हैं।

भगवान बुद्ध ने कहा कि शील द्वारा काय विशुद्ध कर समाधि से महाफल या महानिसंस प्राप्त होता है। सभी नियमों का पालन करने के पश्चात् ही "शील" की रक्षा होती है। प्रकृति, स्वभाव या अभ्यास ही चरित्र है। अतः शील शब्द से चरित्र का ही बोध होता है। सभी नियमों का पालन कर जो विशुद्ध होता है, उन सभी को शील या चरित्र ही कहा जाता है।

---

1. देखे पुस्तक का द्वितीय परिच्छेद, पृ॰ 33

विशुद्धिमार्ग ग्रंथ में शील के कई विभेद बताये गये हैं। संक्षेप में, यहाँ चार प्रकार के शील का उल्लेख किया गया है।

(1) भिक्षुशील (2) भिक्षुणीशील

(3) अनुपसम्पन्नशील (4) गृहीशील

भिक्षुओं के द्वारा प्रतिपादित शील को भिक्षु शील और भिक्षुणियों द्वारा प्रतिपादित शील को भिक्षुणीशील कहा गया।

श्रमण और श्रमणियों के द्वारा प्रतिपादित दशशील को अनुपसम्पन्न शील कहा जाता है।

साधारण गृहस्थ या उपासक-उपासिकाओं द्वारा नित्य प्रतिपादित शील पंचशील है। उनके उपोसथ के अंग स्वरूप अष्टशील एवं श्रद्धा और उत्साह होने पर दशशील का पालन भी कर सकते हैं।

शील में प्रतिष्ठित व्यक्ति सामाजिक उन्नति और शांति की स्थापना करता है। वह शीलवान समाज में अच्छा बन जीवन यापन करता है। सुश्रृंखल व्यक्ति चित्त-शान्ति हेतु समाधि (भावना) में चित्त लगाता है और प्रज्ञा प्राप्त करता है। शील समाधि और प्रज्ञा का उत्स स्थल है और दुःख से मुक्ति प्राप्त करने का प्रथम सोपान है। शीलवान व्यक्ति समाधि प्राप्त कर श्रद्धावान बनता है। इस प्रकार व्यक्ति आज विश्व की अशांति को शील के द्वारा दूर कर सकता है।

पञ्चशील प्रार्थना

कोई गृहस्थ (उपासक या उपासिका) पंचशील का इच्छुक होने पर किसी भिक्षु के पास जाकर निम्नलिखित नियमों से प्रार्थना करता है एवं भिक्षु भी उस नियम से त्रिशरण से पंचशील प्रदान करते हैं–

भिक्षु के पास शील ग्रहण करने के लिए पंचशील प्रार्थना इस प्रकार करनी पड़ती है–

"ओकास अहं भन्ते। त्रिशरण मे सह पंचशील धम्मं याचामि। अनुग्गतं कत्वा, सीलं देख मे, भन्ते। दो बार....... तीन बार "ओकास अहं भन्ते....... मे भन्ते।"

हे प्रभु! मैं त्रिशरण के साथ पंचशील की धर्म प्रार्थना करता हूँ। प्रभु! अनुग्रह कर मुझे शील प्रदान करें। शील प्रदान करने वाला भिक्षु पालि भाषा में यह कहेगा–

यमहं वदामि तं वदेहि।

मैं जैसा बोलता हूँ तुम वैसा ही बोलो। एक से अधिक लोगों को शील प्रदान करते समय "वदेहि" न करकर "वदेथ" बोलना पड़ेगा। गृही "अम भन्ते!" (हाँ प्रभु, अच्छा प्रभु) कहकर स्वीकार करता है। उसके बाद भी भिक्षु कहता हैं– "नमो तस्स भगवतो अरहतो सम्मासम्बुद्धस्य।"

गृही इस नमस्कार पाठ को तीन बार दोहराता है।

त्रिशरण

बुद्धं सरणं गच्छामि

धम्मं सरणं गच्छामि

सङ्घं सरणं गच्छामि।

दो बार........

तीन बार–

बुद्धं सरणं गच्छामि

धम्मं सरणं गच्छामि

संघं सरणं गच्छामि

(भिक्षु) सरणगमनं सम्पुन्नं।

गृही - आम भन्ते

पंचशील

1) पाणातिपाता वेरमणी सिक्खापदं समादियामि।

2) अदिन्नादाना वेरमणी सिक्खापदं समादियामि

(मैं) प्राणी हत्या से विरत हो शिक्षापद ग्रहण करूँगा।

(मैं) अदत्त वस्तु ग्रहण करने से विरत हो शिक्षापद ग्रहण करूँगा।

3) कामेसू मिच्छाचारा वेरमणी सिक्खापदं समादियामि।

4) मुसावादा वेरमणी सिक्खापदं समादियामि।

5) सुरा-मेरय-मज्ज पमादट्ठाना वेरमणी सिक्खापदं समादियामि।

(मैं) व्यभिचार से विरत हो शिक्षापद ग्रहण करूँगा। (मैं) मिथ्या वाक्यों से विरत हो शिक्षापद ग्रहण करूँगा। (मैं) सूरा, मरय (स्त्री), मादक द्रव्यों के सेवन और प्रमाद-वस्तुओं से विरत हो शिक्षा ग्रहण करूँगा।

नमस्कार पाठ

नमो तस्स भगवतो अरहतो सम्मासम्बुद्धस्स।

बौद्धगण इस मंत्र का सर्वदा जप करते रहते हैं किंतु इसके इतिहास के विषय में बहुत से लोग अवगत नहीं है। अतः इसको जानना आवश्यक है।

असंख्य सर्वज्ञ बुद्धगणों का बुद्धत्व प्राप्ति स्थान महाबोधि द्रुम के नीचे (बुद्धगया क्षेत्र के बोधि-वृक्ष के नीचे) भगवान् शाक्यमुनि सिद्धार्थ गौतम तथागत बुद्धदेव की सर्वज्ञता प्राप्ति या बुद्धत्व प्राप्ति के पश्चात् द्वितीय दिन सातगिर नामक यक्ष, असुरगण का अधिपति, चारों दिशाओं के अधिपति, चार लोकपाल महाराज और देवेन्द्र शक्र उसके समीप जाकर यह मंत्र बोलने लगे।

इस अट्ठारह अक्षरों में प्रथम दो अक्षर "नमो" का सातगिर यक्ष ने उच्चारण किया था। नरकगामी प्राणियों को नरक मार्ग से वापिस ला निर्वाणुपर में प्रवेश कर कहते हैं "न" एवं त्रिलोकवासी प्राणियों को भयहीन मोक्षपुर में प्रवेश करा परम सुख भोग कर कहते हैं "मो"। अतएव नरक का "न" और मोक्ष का "मो" बोलकर सातरिक यक्ष ने प्रारंभ में बुद्ध की वंदना की। सीधे शब्दों में नरक का अर्थ मोचनकारी हुआ।

द्वितीय दोनों अक्षर "तस्स" असुरेन्द्र राहु ने उच्चरित किया था। दीपंकर बुद्ध के पादमूल में गिरकर बुद्धत्व प्राप्ति का वर प्राप्त करने

वाले दिन बोधि मूल में बुद्धत्व प्राप्ति तक सतत् तण्हा (तृष्णादि) पाप समूहों का विनाश कर आए और कहा "त" एवं असत्य का परित्याग कर सत्य प्रिय, सत्यभासी सारवादी शब्द कहा "स" ये दो शब्द एकत्रित हो "तस" कहकर राहु ने बुद्ध की वंदना की थी। तृष्णा का "त" एवं सत्य का "स" दो बार "सूस" होता है। सातगिर यक्ष ने नमो शब्द से नमस्कार किया था। राहु ने "तस्स" शब्द से नमस्कार किया था।

तृतीय शब्द "भगवतो" में चार अक्षर कहकर चारों दिशाओं के चारों महाराजा ने तथागत को नमस्कार किया था।

चतुर्थ शब्द "अरहतो" के चार अक्षर कहकर इन्द्र ने नमस्कार किया था। पंचम शब्द "सम्मासम्बुद्धस्य" यह छः अक्षर कहकर वृहस्पति ब्रह्मा ने भगवान को नमस्कार किया था।

तभी से यह मंत्र जगत् में प्रचलित हुआ एवं वर्तमान में अभी तक है।

अष्टशील

जो उपोसथ या अष्टशील करते हैं, उनको पूर्णिमा, अमावस्या या अष्टमी तिथि के पूर्वदिन "आगामी काल में उपोसथ करूँगा" मन ही मन ऐसी भावना कर घर के समस्त कर्मों को पूरा कर दूसरे दिन प्रातः उठकर कोई भी भिक्षु, भिक्षुणी या दशशीलधारी श्रमण के पास जाकर अष्टशील ग्रहण करना उचित है। यदि भिक्षु-श्रमण न मिले, तो स्वयं भी अष्टशील संपन्न किया जा सकता हैं।

उपोसथ करने वाले उपोसथधारी सांसारिक विषयों की चिन्ता न कर धर्मालाप, धर्मश्रवण या बुद्धानुस्मृति, मैत्री इत्यादि भावना द्वारा दिन व्यतीत करने से शीलपालन सही रूप में परिपूर्ण होता है।

उकास, अहं भन्ते, त्रिशरणे सह अट्ठंग समन्नागतं उपोसथसीलं धम्मं याचामि, अनुग्गहं कत्वा सीलं देख मे भन्ते। दो बार, तीन बार दोहरायें। पंचशील प्रार्थना के नियम की तरह ही तीन बार प्रार्थना करनी पड़ती है। उसके पश्चात् शील प्रदानकारी भिक्षु इस प्रकार कहते हैं। उसी प्रकार त्रिशरण के साथ अष्टशील भिक्षु के मुँह से ही कहलवाना उचित है।

"अहं भन्ते अज्ज इमद्ध दिवसं उपोसथं उपवसामि, अट्ठङ्ग समन्नागतं सीलं समादियामि" (प्रभु मैं अन्य दिन में उपोसथ पालन करूँगा एवं अष्टशील का प्रतिपालन करूँगा) कहकर भिक्षु के साथ अष्टशील को दोहरायें। (केवल रात्रि में शील के पालन की इच्छा होने पर)

"अहं भन्ते अज्ज इमद्ध रत्तिं (यह केवल रात्रि में) उपोसथं उपवसामि अट्ठङ्ग समन्नागतं सीलं समादियामि" यह वाक्य कहकर शील ग्रहण करते हैं। (दिवारात्रि में शील पालन की इच्छा होने पर)

"अहं भन्ते, अज्ज इमद्ध दिवसं इमद्ध रत्तिं उपोसथं उपवसामि, अट्ठङ्ग समन्नागतं सीलं समादियामि" कहकर शील ग्रहण करना चाहिए।

अष्ट शिक्षापद

1) पाणातिपाता वेरमणी सिक्खापदं समादियामि।

2) अदिन्नादाना वेरमणी सिक्खापदं समादियामि।

3) अब्रह्मचारिया वेरमणी सिक्खापदं समादियामि।

4) मुसावादा वेरमणी सिक्खापदं समादियामि।

5) सुरामेरेष-मज्ज पमादट्ठाना वेरमणी सिक्खापदं समादियामि।

6) विकाल-भोजना वेरमणी सिक्खापदं समादियामि।

7) नच्च-गीत-वादित विसूकदस्सन-मालागन्ध-विलेपन-धारण-मत्तुन-विभुसनट्ठाना वेरमणी सिक्खापदं समादियामि।

8) उच्चासयन-महासयना वेरमणी सिक्खापदं समादियामि।

(मैं) प्राणिहत्या से विरत हो अदत्त वस्तु ग्रहण करने से विरत हो शिक्षापद ग्रहण करूँगा। (मैं) अब्रह्मचर्य से विरत हो अर्थात् ब्रह्मचारीगण स्त्री, सहवासादि मैथून कार्य का परित्याग करते हैं मैथून कार्य नहीं करूँगा, इस शील (शिक्षापद) को ग्रहण करते हैं। (मैं) मिथ्या वाक्यों से विरत हो शिक्षापद ग्रहण करूँगा। (मैं) सुरा, मेरेय, (स्त्री) मादक द्रव्यों का सेवन और प्रमाद वस्तुओं से विरत हो शिक्षापद ग्रहण करूँगा।

(मैं) संध्या भोजन से विरत इस शिक्षापद को ग्रहण करता अर्थात् आज दिन के दोपहर के बाद दूसरे दिन सूर्य उदय तक समय के मध्य

कुछ आहार न ग्रहण कर इस शिक्षापद को करते हैं।

(मैं) नाच, गान, वाद्य और उत्सव दर्शन नहीं करूँगा एवं माला और सुगंध द्रव्यादि का प्रयोग, अलंकार आदि धारण, शरीर माजन या अन्य किसी प्रकार के शारीरिक सौंदर्य में वृद्धि करने आदि का कार्य न कर इस शिक्षापद को ग्रहण करता हूँ।

(मैं) उच्चशय्या या महाशय्या का प्रयोग नहीं करूँगा, इस शिक्षापद को ग्रहण करना अर्थात् बारह पाये वाली ऊँची खाट या पलंग या चौकी पर अथवा रूई से भरी गद्दी तोषक आदि पर नहीं बैठूँगा। इन सभी शय्या को जो राजा महाराजा या धनी लोगों के लिए व्यवहृत है, ऐसा कहें कि मैं उनका प्रयोग नहीं करूँगा।

अष्टशील प्रदान करने के अंत में भिक्षु कहते हैं–

"तिसरने सह अट्ठङ्गशीलं (उपोसथसीलं, अट्ठसीलं) धम्मं साधुकं सुरक्खितं कत्वा अप्पमादेन सम्पादेहि। एक से अधिक लोगों को शील प्रदान करने के पश्चात् "सम्पादेहि" के स्थान पर "सम्पादेय" कहना पड़ता है।

शील का फल वर्णन

बुद्धघोष स्थविर द्वारा प्रणति विशुद्धिमार्ग में शील के फल का वर्णन आया है जिनमें से कुछ गाथायें निम्नलिखित हैं–

1) सासने कुलपुत्तानं पतिट्ठा नत्थि यं विना।
आनिसंस परिच्छेदं तस्स सीलस्स को वदे?

जो कुलपुत्रगण (गृहस्थ पुत्रगण) शील पालन के अतिरिक्त बुद्धशासन में अटल रूप से स्थित हो बौद्ध नाम के लिए उपयुक्त नहीं हैं उन्हें शील का फल जितना भी या जिस परिमाण में मिलता है यह नहीं कहा जा सकता।

2) सीलेन सुगतिं यन्ति सीलेन भोगसम्पदा,
सीलेन निच्चूतिं यन्ति तस्मा सीलं विसोधये।

शील पालन के द्वारा मनुष्य का स्वर्ग गमन होता है, भोग सम्पत्ति एवं निर्वाण की प्राप्ति होती है। शील परिशुद्ध रखता है।

3) न गंगा यमुना चापि सरभू वा सरस्वती
निन्नगा वाचिरवती मही चापि महानदी,
सक्कुनन्ति विसोधेतुं तस्मलं ईध पाणीनं
विसोधयति सत्तानं यं वे सीलजलं मलं।

(लोगों का विश्वास एवं दूसरे शास्त्रों में भी लिखा है कि गंगा आदि पवित्र सलिला नदियों में स्नान करने से पाप रूपी मैल धुल जाता है)। इन दोनों गाथाओं में यही कहा गया है कि गंगा, यमुना, सरयु, सरस्वती, अचिरवती मही अथवा महानदी का पवित्र जल जो इस संसार के प्राणिगणों के पाप रूपी मैल को धो नहीं पाते, शील रूपी जल उनके उस मैल को विशुद्ध कर देता है।

4) न तं सजलदा वाता न चापि हरिचन्दनं
नेव हारा न मनयो न चन्दकिरणङ्कुरा
समयन्ती'ध सत्तानं परिलाहं सुरक्खितं
यं समेति इदं अरियं सीलं अच्चन्त-सीतलं।

मेघपूर्ण शीतल हवा, रक्तचंदन, नाना प्रकार के हार, मणि-माणिक्य आदि या चंद्र की सुशीतल किरणों द्वारा प्राणिगणों को जो प्रकाश नहीं मिल पाता, वह अत्यंत शीतल श्रेष्ठ शील रूपी भाल से मिल जाता है।

5) सीलगंधसमो गंधो कुतो नाम भविस्सति
यो समं अनुवाते च पटिवाते च वायति।

शील की सुगंध से उत्कृष्ट और कोई गंध नहीं है। यह वायु के साथ-साथ ही प्रवाहित होती है एवं विपरित दिशा में भी प्रवाहित होती है। अर्थात् पुष्पों की गंध, वायु जिस दिशा में बहती है उसी दिशा में बहती है। वायु विपरित दिशा में प्रवाहित नहीं होती किंतु शीलवान की प्रशंसा वायु के साथ भी प्रवाहित होती है और वायु के विपरित दिशा में भी प्रवाहित होती है।

6) सग्गारोहण-सोपानं अञ्ञं सीलसमं कुतो?
द्वारं वा पन निब्बान-नगरस्स-प्पवेसने।

यह शील स्वर्ग आरोहण की सीढ़ी है। स्वर्ग पहुँचने की इसके अतिरिक्त कोई सीढ़ी नहीं है। निर्वाण रूपी नगर में प्रवेश करने हेतु दरवाजा शील ही है।

7) सोभन्ते'व न राजानो मुक्ता मणि-विभूषिता,
यथा सोभन्ति यतिनो सीलभूषण-भूसिता।

शील रूपी अलंकारों (भूषण) द्वारा सुशोभित हो यतिगण (भिक्षुगण) जिस रूप से शोभा प्राप्त करते हैं, मणिमुक्ता से विभूषित हो राजागण उस प्रकार की शोभा प्राप्त नहीं करते।

8) अन्तानुवादादि भयं विद्धंसयति सब्बसो,
जनेति कित्तिहासक्ख सीलं सीलवंत सदा।

शील शीलवानों को निन्दादि भय से बिल्कुल ही दूर कर देता है एवं सर्वदा उनके आनंद और कीर्ति वर्धन में सहायक होता है।

9) गुणानं मुलभूतस्य दोसानं बलघातिनो
इति सीलस्स विञ्ञेय्यं आनिस्सकथामुखन्ति।

बलपूर्वक दोष समूहों का विनाश एवं गुण समूहों के मूलभूत शील का फल या पुरस्कार की बातें कही गयी हैं। इसी प्रकार शीलपालन के और भी गुण वर्णित हैं।

10) सीलेन सुगतिं यन्ति, सीलेन भोगसम्पदा,
सीलेन निब्बुतिं यन्ति, तस्मा सीलं विसोधये।

शील पालन करने से लोक स्वर्ग की प्राप्ति करता है, नाना प्रकार से धन-सम्पत्ति की प्राप्ति करता है एवं इसके फलस्वरूप निर्वाण प्राप्त करते हैं। इसी कारण शील या चरित्र को विशुद्ध किया जाता है।

अष्टशील प्रवारणा

आठ प्रहर या 10 दत्तु या 1 दिवस या 24 घंटे अष्टशील का पालन करना प्रवारणा करना होता है। प्रवारणा करने के इच्छुक व्यक्ति को भिक्षु के निकट जाकर यथानियम से रहना पड़ता है - "अहं भन्ते अट्ठंगसीलं (अट्ठसीलं, उपोसथसीलं) निक्खिपामि पंञ्चसीलं (पञ्चङ्ग सीलं)

समादियामि" तीन बार कहकर यथानियम पंचशील ग्रहण कर प्रवारणा करता है। दिन में कोई प्रवारणा का इच्छुक होने पर नियमानुसार पंचशील ग्रहण कर अष्टशील का परित्याग करता है।

शील ग्रहण करने का नियम

शील प्रदान करने के लिए यदि कोई उपयुक्त भिक्षु प्राप्त न तो स्वयं की पसंद से किसी निर्जन स्थान पर जाकर बुद्ध की धातु प्रतिमा आदि की वंदना कर अथवा जिस ओर चैत्य आदि है उस ओर उन्मुख हो पंचांग प्राणिपात द्वारा वन्दना कर प्रथम नमस्कार पाठ करने के पश्चात् त्रिशरण के साथ अष्टशील ग्रहण करना चाहिए।

अष्टशीलधारीगणों के कर्त्तव्य

अष्टशीलधारी व्यक्ति किसी के प्रति हिंसा या विद्वेष को अपने मन में स्थान नहीं देते, किसी को पीड़ा नहीं देते या पीड़ा नहीं दिलवाते, किसी के प्रति अत्याचार नहीं करते या अत्याचार नहीं करवाते, दूसरों के धन का लोभ नहीं करते, दूसरों से लाभ-सत्कार या प्रशंसादि सुनकर ईर्ष्या नहीं करते, सर्वज्ञ बुद्ध उपासक और भिक्षुगणों के जो 32 प्रकार के "तिरच्छान कथा" कहकर निषेध करते हैं उनको नहीं कहूँगा और किसी भी प्रकार की मिथ्या कल्पना को हृदय में स्थान नहीं दूँगा, मैथून भाव अर्थात् स्त्री-सहवासादि विषयों का कोई विचार मन में नहीं लाऊँगा, ईर्ष्या, क्रोध, प्रवञ्चना, शठता, अभिमान, अहंकार, कामचिन्तादि पापविचार में चित्त को मलिन करना, इनको मन में स्थान नहीं देते हैं। स्वयं के व्यवसाय-वाणिज्य आदि में किसी विषय पर किंवा हिसाब पत्रादि या गृहस्थशील के किसी हिसाब पत्रादि में रत नहीं होते, स्वयं के गृह अथवा दूसरे किसी निर्जन स्थान पर जाकर भावना कर दिन व्यतीत करते हैं। सुविधा होने पर इन्द्रियादि में संयत और शीलसम्पन्न प्रकार के भिक्षु के समीप जाकर धर्मश्रवण कर दिन काटते हैं।

दशसुचरितशील

क) कायपाप विरतिः (जो कायवाकमनोकर्म द्वारा दुःख, दुःख हेतु "तृष्णा" में वृद्धि करते हैं वही पाप है या अकुशल कर्म हैं।

1) पानातिपाता वेरमणी सिक्खापदं समादियामि।

2) आदिन्नादाना वेरमणी सिक्खापदं समादियामि।

3) कामेसु मिच्छाचारा (मिथ्या कामाचार - यथा समय परिमित स्त्री सहवास मिथ्याचार न होकर कामाचार है।) वेरमणी सिक्खापदं समादियामि।

ख) वाक्यपाप विरति :

4) मूसावादा वेरमणी सिक्खापदं समादियामि।

5) पिसुनावाचा वेरमणी सिक्खापदं समादियामि।

मनुष्य मनुष्य में विभेद या कलह की बात नहीं करना, ऐसी शिक्षा को ग्रहण करता हूँ।

6) फरूसावाचा वेरमणी सिक्खापदं समादियामि।

कर्कश वाक्य न बोलना, ऐसी शिक्षा को ग्रहण करता हूँ।

7) सम्फप्पलापा वेरमणी सिक्खापदं समादियामि

वृथा या अर्थहीन वार्तालाप न करना, ऐसी शिक्षा को ग्रहण करता हूँ।

ग) मनोपाप विरति :

8) अभिज्झाय वेरमणी सिक्खापदं समादियामि

सम्पत्ति का लोभ न करना, इस शिक्षा को ग्रहण करता हूँ।

9) व्यापादाय वेरमणी सिक्खापदं समादियामि।

दूसरों के प्रति द्वेष न करना, इस शिक्षा को ग्रहण करता हूँ।

10) मिच्छादिट्ठिया वेरमणी सिक्खापदं समादियामि

मिथ्यादृष्टि (कर्मफल के प्रति अविश्वास इत्यादि) से विरत रहना, इस शिक्षा को ग्रहण करता हूँ।

दशकुशल कर्म्मपथ (कम्मपथा)

भगवान द्वारा दिये गये दश कुशल कर्मपथ इस प्रकार हैं–

1) पाणातिपात वेरमणी

2) अदिन्नादाना वेरमणी — ये तीनों कायिक या शारीरिक कुशल

3) कामेसु मिच्छाचारा वेरमणी — कर्म पथ हैं।

4) मुसावादा वेरमणी

5) पिसुनाय वाचाय वेरमणी — ये चारों वाचिक कुशल हैं।

6) फरूसाय वाचाय वेरमणी

7) सम्फप्पलाया वेरमणी

8) अभिज्याय वेरमणी

9) व्यापादा वेरमणी — ये तीनों मानासिक कुशल हैं।

10) मिच्छादिट्ठिया वेरमणी

ये दस विपरित दस अकुशल कर्मपथ हैं। इन दस सुरित शीलों को (दस सुचरित्रशील के) संक्षेप में वर्णित किया गया है। उपासक-उपासिकागण द्वारा शील पालन करना पुण्य संचय करने हेतु होता है।

शीलवान स्थविर के कर्त्तव्य एवं शील के गुण

शीलपालन द्वारा क्या-क्या लाभ हैं, उसको शीलवान स्थविर इस प्रकार वर्णित करते हैं-

1) सीलमेविध सिक्खेय, अस्मिं लोके सुसिक्खितं
सीलं हि सब्बसम्पतिं उपनामेति सेवितं।

बुद्ध शासन में शील का पालन करते हैं, इस लोक में सुशिक्षित (सुरक्षित) और प्रतिपालित शील सभी प्रकार की सम्पत्ति प्रदान करती है।

2) सीलं रक्खेय्य मेधावी पत्थयानो तयो सुखे,
पसञ्सं विन्तभञ्च पेच्च सग्गे च मोदनं।

मेधावी (पंडित) व्यक्ति इन तीन प्रकार की सुख प्रार्थना द्वारा शील की रक्षा करते हैं– प्रशंसा, वित्तलाभ एवं मृत्यु के पश्चात् स्वर्ग सुख भोग।

3) सीलवा हि वत्त मित्ते तञ्ञमेनाधिगच्छति,
दुस्सीलो पन मित्तेहि धंसते पापमाचरं।

शीलवान संयम द्वारा वत्त मित्त (बन्धु) को प्राप्त करता है। किंतु दु:शील (पापी) अपने पाप के आचरण द्वारा मित्रगणों का भी विनाश करते हैं। (स्वयं भी विनाश के पथ पर पड़ता है)

4) अवण्णद्ध अकितिञ्चं दुस्सीलो लभते नरो,

वण्णं कित्तं पसंसञ्च सदालभति सीलवा।

दु:खी व्यक्ति को निन्दा और अपकीर्ति प्राप्त होती है किंतु शीलवान सर्वदा प्रशंसा एवं कीर्ति ही प्राप्त करता है।

5) आदि सीलं पतिट्ठा च, कल्याणानञ्च मातुकं

प्रमुखं सब्बधम्मानं, तस्मा सीलं विसोधये।

शील आदि की प्रतिष्ठा (शील लोक आदि का आश्रय है एवं सभी कुशल धर्मों का) और भित्ति, कल्याण कर्म की माता (जननी)। ये सभी धर्मों में श्रेष्ठ है। अत: शील चरित्र को सर्वदा विशुद्ध करती है।

6) बेला च सम्बरं सीले, चित्तूस्स अभिभासनं

तिक्खञ्च सब्बबुद्धानं, तस्मा सीलं विसोधये।

चित्त की मलीनता दूर कर शील उज्ज्वल संवर भूमि का संपादन करती है जो सर्वबुद्धगणों का तीर्थ स्थान है। शील सर्वदा चरित्र को विशुद्ध करती है।

7) सीलं बलं अप्पट्मिं, सीलं आबुधं उत्तमं,

सीलं आभरणं सेट्ठं, सीलं कवचं अब्भुतं।

शील अतुलनीय बल, शील उत्तम आयुध (अस्त्र), शील श्रेष्ठ आभरण (अलंकार), शील अद्‌भुत कवच है।

8) शीलं सेतु महेसक्को, सीलं गन्धो अनुत्तरो,

सीलं विलेपनं सेट्ठं, येन वाति दिसा दिसं।

शील अत्यंत कठोर सेतु, सर्वश्रेष्ठ सुगंध (सुगंधि) एवं उत्तम विलेपन है। इसके द्वारा सभी दिशायें आमोदित होती हैं।

9) सीलं सम्बलमेवग्गं सीलं पायेय्यमुत्तमं,
सीलं सेट्ठो अतिवाहो, येन याति दिसो दिसं।

शील श्रेष्ठ, सम्बल, उत्तम पाथेय्य एवं अत्यंत श्रेष्ठ वाहन है। इसके द्वारा सभी दिशाओं में जाया जा सकता है।

10) इधेव निन्दं लभति पेच्चापाये च दुस्मनो,
सब्बक्ख दुस्मनो बालो, सीलेसु असमाहितो।

दु:शील इस लोक में निन्दा की प्राप्ति कराती है। परलोक में भी मानसिक दु:ख का भोग कराती है। जो शील का पालन नहीं करता, वह मूर्ख सर्वत्र दु:ख का ही भोग करता है (प्राय मरण्यकष्ट)।

11) इधेव कित्तिं लभति पेच्च सग्गे च सुस्मने,
सब्बक्ख सुमनो धीरो सीलेसु सुसमाहिता।

शीलवान इस लोक में कीर्ति प्राप्त करता है, दूसरे लोक में संतोष प्राप्त करता है। जो व्यक्ति शील पालन में रत है, वह पंडित सर्वत्र संतोष प्राप्त करता है।

12) शीलमेव इध अग्गं, पञ्जंवा पन उत्तमो
मनुस्सेसु च देवेसु सीलपञ्ञाणतो जयन्ति।

इस लोक में शील ही अग्र (श्रेष्ठ) प्रज्ञावान किंतु उत्तम है। मनुष्य और देवगणों में शील और प्रज्ञा द्वारा ही जय की प्राप्ति होती है।

इस गाथा में शील और प्रज्ञा के विषय में बताया गया है। शील आदि मंगल या कल्याण और समाधि मध्य कल्याण है। उक्त दोनों ही कल्याणों को यहाँ लिया गया है। शील, समाधि और प्रज्ञा द्वारा निर्वाण की प्राप्ति होती है- इस गाथा में उसी का वर्णन किया गया है। इन तीनों विषयों का वर्णन "विशुद्धिमार्ग" में मिलता है।

शीलवान स्थविर महाराज बिम्बिसार के पुत्र थे। राजा अजातशत्रु अपने इस भाई के प्राणों का वध करने हेतु बहुत कोशिश कर रहे थे। किन्तु हर बार उनका अन्तिम जन्म होने के कारण उनके कर्मों के फलस्वरूप कई कोशिशों के बावजूद भी अजातशत्रु उनकी हत्या करने

में असमर्थ रहे भगवान् बुद्ध ने यह सब जानकर शीलवान महामोग्गल्लान को बुलाया एवं भिक्षुओं को दीक्षा दी। वे शीघ्र ही अर्हत्व को प्राप्त हो गये। उसके पश्चात् ही उन्होंने कौशल में निवास किया। अजातशत्रु ने उनकी हत्या करने के लिए वहाँ भी लोगों को भेजा किंतु कार्य सफल नहीं हुआ। उसने जिन लोगों को हत्या करने के लिए भेजा था उन सभी ने उनके उपदेश से भिक्षु धर्म की दीक्षा ग्रहण कर ली। भगवान् ने उनको इन्हीं गाथाओं का उपदेश दिया था।

अध्याय–7

भावना

भावना

1. भावना - भूमिका
2. पंच अभिज्ञा
   क) ऋद्धिज्ञान
   ख) दिव्यश्रोत ज्ञान
   ग) परचित्त पर्यायज्ञान
   घ) पूर्वनिवास स्मृति ज्ञान
   ङ) च्युति उत्पत्ति ज्ञान
3. शमथ कर्मस्थान के चालीस प्रकार
   क) दश कृतस्न
   ख) दश अशुभ
4. शमथ भावना
   –दस अनुस्मृति
   1) बुद्धानुस्मृति भावना
      अर्हत, सम्मासम्बुद्धो, विज्जाचरण सम्पन्नो, सुगत द्विव्वसोते, परचित्त विजानन, पुब्बे निवासानुस्सति ज्ञान, चुतुपपातज्ञान, आसवक्खय ज्ञान, सुगत लोकविद्, अनुत्तरो पुरिस, संस्था देवसमनुस्सानं, बुद्धो, भगवा
   2) धर्मानुस्मृति-
      स्वाक्खातो भगवतो धम्मो, सन्दिट्ठिको, अकालिको, एहिपास्सिको, उपनयिको
   3) संघानुस्मृति भावना-
   4) शीलानुस्मृति भावना
   5) देवतानुस्मृति भावना
   6) मरणानुस्मृति भावना
   7) उपशमानुस्मृति भावना
   8) कायगतानुस्मृति भावना
   9) त्यागानुस्मृति भावना
   10) अनापनस्मृति भावना
   11) अप्रमेय भावना
      (मैत्री, करुणा, मुदिता, उपेक्षा)

भावना

बुद्धवाणी दान, शील और कर्मस्थान का सम्मिलित रूप है। इन सभी कार्यों का अनुशीलन स्वयं को ही करना पड़ता है तभी उसका फल मिलता है। बुद्ध स्वयं किसी को विमुक्ति का फल नहीं दे सकते है वे मात्र पथ-प्रदर्शक हैं। बुद्ध ही एक ऐसे व्यक्ति हैं जिनका दृष्टान्त पूरे विश्व में विरल ही है। उन्होंने स्वयं विमुक्त होकर ही विमुक्ति मार्ग का प्रकाश और प्रचार किया केवल वही नहीं, उन्होंने ब्रह्मलोक का पथ, स्वर्ग का पथ, और मनुष्य नरकगामी क्यों होता है- उस पर प्रकाश डाला। यह किसी से शिक्षाप्राप्त करने का ज्ञान नहीं है बल्कि उसकी अपनी अभिज्ञता है। इसी कारण उन्होंने प्रत्येक व्यक्ति को कर्म के माध्यम से स्वयं की विमुक्ति इसी जीवन में अर्जन करने का उपदेश दिया। उनके अनुसार निज-मुक्ति के लिए स्वयं की उपलब्धि करनी होती है, वह किसी गुरु या देवताओं के ऊपर निर्भर नहीं रहता।

अब प्रश्न उठ सकता है - विमुक्ति का अभिप्राय क्या हैं? वह दुःखविमुक्ति है। वह दुःख क्या है? वह है जन्म-दुःख, जरा-दुःख, व्याधि-दुःख, मरण-दुःख, शोक-परिताप दुःख, दुर्मनता-हताशा दुःख, अप्रिय से संयोग का दुःख, प्रिय से वियोग का दुःख।

संक्षेप में पंच उपादान (रूप, वेदना, संज्ञा, संस्कार, विज्ञान) स्कन्ध ही दुःख हैं। इन विषयों से मुक्ति प्राप्त करना ही दुःख से विमुक्ति है। दुःख से किस प्रकार छुटकारा मिले? कर्मस्थान भावना द्वारा दुःखों से छुटकारा मिल सकता है। वे कर्मस्थान क्या हैं? वे शमथ कर्मस्थान और विदर्शन कर्मस्थान हैं।

इन दोनों कर्मस्थानों में शमथ कर्मस्थान भावना करने से चार रूप ध्यान एवं चार अरूप ध्यान की प्राप्ति होती है। इन ध्यानों को करने के पश्चात् उनके निरंतर अनुशीलन से उत्कर्ष साधनों से ऋद्धि सम्पद या

अलौकिक शक्तियों की प्राप्ति होती है। उसी को पंच अभिज्ञा कहते हैं। पाँच अभिज्ञान इस प्रकार है–

1) **ऋद्धिज्ञान** :- यह अनेक प्रकार की अलौकिक शक्तियों का प्रकाश है। साधक एक से बहुत होता है, बहुत से एक होता है, स्वयं में आविर्भूत, अन्तनिर्हित होता है, आकाश-पथ से गमन कर प्राचीरों को पार करता है, प्राकार, पर्वतों का भेद न कर गमन करता है, पक्षियों के समान आकाश में भ्रमण करता है। चन्द्र सूर्य को हाथों से स्पर्श करता है। सशरीर ब्रह्मलोक तक जाता है।

2) **दिव्यश्रोत ज्ञान** :- इसमें साधक को लोकातीत विशुद्ध दिव्यश्रोत (कर्ण) द्वारा दूरस्थ और निकटस्थ देव-मनुष्यों के शब्द सुनाई पड़ते हैं।

3) **परचित्त पर्याय ज्ञान** :- इसमें साधक स्वयं के चित्त द्वारा दूसरों के सराग (सतृज्ञ) चित्त, वीतराग चित्त, सदोष चित्त (हिंसाचित्त), वीतदोष चित्त, समोह चित्त (अविद्या युक्त चित्त), वीतमोहचित्त, संक्षिप्त चित्त, विक्षिप्त चित्त, समाधिप्राप्त चित्त (महद्गत चित्त), समाधिहीन चित्त, अनुत्तीर्ण चित्त, उत्तीर्ण चित्त, समाहित चित्त, असमाहित चित्त, विमुक्त चित्त, अविमुक्त चित्त प्रकृष्ट रूपों का ज्ञान रखते हैं।

4) **पूर्वनिवास स्मृति ज्ञान** :- इसमें साधक को पूर्वजन्म का स्मरण होता है, एक जन्म से असंख्य-असंख्य जन्मों का स्मरण होता है।

5) **च्युति उत्पत्तिज्ञान** :- ऐसे साधक अतीन्द्रिय दृष्टि से देख सकते हैं। जीवगण एक योनि से च्युत हो दूसरी योनि में (जीवस्तर में) उत्पन्न होते हैं। उत्तम और अधम वर्गों के सत्वगण अपने-अपने सुकर्म-कुकर्म के अनुसार सुगति या दुर्गति को प्राप्त होते हैं। ये सभी प्राणीगण जो काय-वाक और मन सुचरित्र से सम्पंन्न, सम्यक्दृष्टि से युक्त, कर्मपरिग्राही, आर्यप्रशंसक हैं वे देहावसान के पश्चात् स्वर्गलोक में उत्पन्न होते हैं।

पंच-अभिज्ञा ध्यानी साधक की लौकिक शक्ति से सम्पन्न होते हैं। इसके द्वारा शीलभंग या ध्यानच्युति का फल विलुप्त होता है। गुरु की कृपा या ईश्वर की कृपा से यह नहीं मिलता। शील एवं ध्यान के अनुशीलन से पूर्णता प्राप्त होती है और चित्त इस विषय में प्रविष्ट हो इस

शक्ति सम्पदा को प्राप्त करता है, यह सम्पदा अनित्य है। दुःख-मुक्ति की कामना भी यहाँ काम्य नहीं है, क्योंकि यह दुःख मुक्ति नहीं है।

पंच अभिज्ञा की प्राप्ति होने पर भी (ध्यान और अभिज्ञा के अधिकारी) वे दुःखमुक्त नहीं होते। इस अवस्था में यदि वे मृत्यु का वरण करें तो वे अपने-अपने ध्यान की प्राप्ति के अनुसार देव ब्रह्मभूमि के स्तर पर निर्दिष्ट स्थान पाते हैं। वहाँ उत्पन्न होने के बाद वे उनं सभी ब्रह्मभूमि के आयुष्काल के अनुगामी होते हैं। कल्प, स्वल्प

इत्यादि काल उसी ब्रह्मभूमि के स्तर पर स्थित होते हैं।

इन स्तरों के आयुष्काल के पूर्ण होने पर ही उनकी मृत्यु होती है। उसके पश्चात् उनके कर्मानुसार वे मनुष्य या देवलोक में नया जन्म प्राप्त करते हैं। नया जन्म और उनका जन्म दुःख, जरा दुःख, व्याधि दुःख इत्यादि को भोगना पड़ता है। यदि कुशल कर्म का अभाव होता है तब वे नरक, असुर, प्रेत, तिर्यक इत्यादि जीव योनियों में जन्म लेकर दुःख भोगते हैं। इस कारण यह ध्यान में रखना होगा कि शमथ ध्यान निर्वाण नहीं होता। रूप-अरूप ब्रह्मलोक संसार के अंतर्गत है इस कारण च्युति और उत्पत्ति के अधीन है। इस स्थिति में वे साधना की शक्ति के प्रभाव से उन सभी योनियों में मात्र सुख को स्थित करते हैं। यह इन्द्रियजनित सुख, वेदयित सुख है, निर्वाण सुख या अवेदयित उपशम सुख नहीं हैं।

केवल विदर्शन ध्यान या भावना के द्वारा ही दुःखमुक्ति संभव है। विदर्शन भावना का अनुशीलन दो प्रकार से किया जा सकता है जैसे-

1) साधक प्रारंभ में शमथ ध्यान का अनुशीलन कर बाद में विदर्शन ध्यान के वाहन रूप का उपयोग कर विदर्शन प्रज्ञा की प्राप्ति करते हैं। इस प्रकार के साधक को शमथयानिक कहा गया है।

2) शमथ ध्यान के व्यतिरेक से साधक गुरु से ही विदर्शन कर्मस्थान भावना कर प्रज्ञा की प्राप्ति व निर्वाण का दर्शन करता है। इस प्रकार के साधक को शुद्ध विदर्शनयानिक कहा गया है।

शमथयानिक साधकों को पहले शमथ ध्यान करना आवश्यक होता है।

शमथ कर्मस्थान के चालीस प्रकार निम्नलिखित हैं–

क) दश कृतस्न

1) पृथिवी कृत्स्न - मृत्तिका मण्डल

2) अप कृत्स्न - निर्दिष्ट जलाधार या निर्दिष्टजल

3) तेज कृत्स्न - अग्नि गोलक

4) वायु कृत्स्न - वायु गोलक

5) नील कृत्स्न - नीलवर्ण गोलक

6) पीत कृत्स्न - पीतवर्ण गोलक

7) लोहित कृत्स्न - लोहितवर्ण गोलक

8) अवदात कृत्स्न - श्वेत गोलक

9) आकाश कृत्स्न - आकाश मण्डल (छिद्र या फटे हुए के बीच से दिखता आकाश)

10) आलोक कृत्स्न - आलोक मण्डल

ख) दस अशुभ

1) उर्ध्वस्फीत - मृतदेह (फूल जाना)

2) विमीलक मृतदेह (नीली अवस्था प्राप्त)

3) मवाद से पूर्ण - मृतदेह

4) छिद्रीकृत-मृतदेह

5) विश्वादि-मृतदेह (ईतस्तत: भक्षित)

6) विक्षिप्त - मृतदेह (विच्छिन्न अङ्ग-प्रत्यङ्ग)

ये सभी श्मशान में परित्यक्त मृत देह की रूपान्तरित दस अवस्थाओं को लेकर अशुभ भावना की जाती है।

7) कतित-विक्षिप्त-मृतदेह (छिन्न-भिन्न)

8) रक्ताक्त - मृतदेह

9) कीटपूर्ण - मृतदेह

10) अस्थिमात्र सार (कङ्काल)

ग) दस अनुस्मृति भावना

घ) चार अप्रमेय भावना

ङ) एक संज्ञा

च) एक व्यवस्थान

छ) चार अरूप ध्यान (10 + 10 + 10 + 4 + 1 + 1 + 4 = 40)

शमथ भावना

बौद्ध गृहस्थ साधारण रूप से शील भावना आरंभ करते हैं। उपोसथधारी उपासक और उपासिकासमूह उपोसथ ग्रहण करने के पश्चात् बुद्धानुस्मृति आदि कर्मस्थान भावना प्रतिदिन करते हैं। इसी कारण प्रारंभ में संक्षेप भावना करके पश्चात् अन्य विषयों का वर्णन आता है। भावना किसी निर्जन स्थान में बैठकर करनी पड़ती है।

दस अनुस्मृति

1) **बुद्धनुस्मृति भावना**- इसमें भगवान् बुद्ध के गुणों को स्मरण करते हैं। बार-बार बुद्ध के गुणों का स्मरण करने से मन में श्रद्धा उत्पन्न होती है। श्रद्धा चित्त में शांति लाती है एवं लाभ-द्वेष-मोह का क्षय करती है। यह भावना स्वभाव सिद्ध होने के कारण चित्त की उच्चतर अवस्था की उन्नति करती है। बुद्ध के नौ गुणों का स्मरण इस प्रकार करते हैं-

"इतिपि सो भगवा अरहंत सम्मासम्बुद्धो विज्जाचरणसम्पन्नो सुगतो लोकविद् अनुत्तरो पुरिसदम्म-सारथी सत्था देवमनुस्सानं बुद्धो (बुद्धो) भगवति।"

1) **बुद्ध**- अर्हत् सम्यक्सम्बुद्ध, विद्या एवं आचरण सम्पन्न, सुगत, लोकविद्, पुरुष-दमनकारी श्रेष्ठ सारथी, देव-मनुष्यगणों में शास्ता बुद्ध एवं भगवान् हैं।

2) **अर्हत्** :- वे अर्हत् हैं, क्योंकि उन्होंने प्रज्ञा द्वारा क्लेश का क्षय किया है। अरि अर्थात् शत्रु, निकट या दूर के सभी को परास्त किया है, दान के उपयुक्त पात्र होने के कारण अर्हत्, उनके द्वारा कोई भी पाप कार्य असंभव होने के कारण अर्हत् है, इसी को बार-बार जन्मचक्र को भंग करने के कारण अर्हत् है। पूजा हेतु श्रेष्ठ पूज्य रूप है। निम्न सूत्र बार-बार पढ़ने चाहिए-

1) यस्मा रागादि संखाता सब्बेपि अरयो हता
पञ्ञासत्थेन नाथेन तस्मापि अहहं मतोति।

नाथ अर्थात् बुद्ध के द्वारा प्रज्ञा रूपी अस्त्रों द्वारा रागदि अर्थात् कामादि शत्रु-समूहों का नाश किये जाने के कारण वे अर्हत हैं।

2) अरा संसार-चक्कस्स हतो ञाणासिना यतो,
लोकनाथेन तेनेस अरहन्ति बुच्चाति

लोकनाथ बुद्ध ने ज्ञान रूपी असि या खड्ग द्वारा संसार रूपी चक्र के-शत्रुसमूह का हनन अथवा छेदन करने के कारण अर्हत नाम से जाने गये। संसार-चक्र के शत्रुओं के हननकारी होने के कारण अर्हत् है।

3) आरकत्ता हतत्ता च किलेसारीनं सो मुनि,
हतसंसार-चक्कारों, पच्चयादिनञ्चारतो हो,
न रहो करोति पापानि, अरहं तेन बुच्चतीति।

महामुनि बुद्ध द्वारा लोभ, द्वेष या हिंसा, अज्ञानता, अहंकार मिथ्यादृष्टि (मिथ्या धर्म विश्वास) त्रिरत्न, सन्देह, आलस्य, मन की अस्थिरता, लज्जाहीनता और पापभयहीनता इन दस प्रकार के शत्रुओं (रिपुयों का) का हत या विनाश करने के कारण "अर्हत्" कहलाते हैं।

इन सभी अरि अर्थात् रिपुओं से दूर हैं इस कारण बुद्ध अर्हत् हैं। वे संसार चक्र के अरिसमूहों को नाश कर के कारण ही "अर्हत्" है।

चीवर, विहारादि के शयनासन, आहार या औषध इन चार प्रत्ययों का प्रयोजनीय द्रव्यों के "अरह" या उपयुक्त मात्र होने के कारण "अर्हत्" हैं। "रहो" अर्थात् गोपनीय पाप न करने के कारण "अरहं" (न रहो) अर्हत् हैं।

2) **सम्मासम्बुद्धोः**- बुद्ध सम्यक्सम्बुद्ध हैं। वे स्वयं सभी धर्मों, सभी विषयों से सम्यक् रूप से अवगत होने के कारण सम्मासम्बुद्धो या "सम्यक् सम्बुद्ध" कहे जाते हैं।

अभिञेय्यं अभिञातं भावेतब्बञ्च भावितं,

पहातब्बं पहीनं में तस्मा बुद्धोस्मि ब्राह्मणेति।

अर्थात् हे "ब्राह्मण" मुझे जिसको जानना था, उसको जान लिया, जिसको सोचना था, सोच लिया, जिसका परित्याग करना था, परित्याग किया इस कारण मैं बुद्ध हूँ।

3) **विज्जाचरणसम्पन्नोः**- वे विद्या और आचरण से सम्पन्न हैं वे अष्ट विद्या से सम्पन्न, ज्ञान दर्शन, मनोमयकाय, ऋद्धि, दिव्यश्रोत्र, परचित्त, पर्याय ज्ञान, पूर्व निवास स्मृति ज्ञान, सत्वगुणों से च्युतिउत्पत्ति ज्ञान, आसवक्षय ज्ञान युक्त तीन प्रकार की विद्या या ज्ञान प्राप्त होने के कारण ही बुद्ध प्रसिद्ध हुए (1) पूर्व जन्म का स्मरण होना (2) प्राणी समूहों की मृत्यु के पश्चात् कौन कहाँ जन्म ग्रहण करता है, उसे जानना, (3) कामादि आसवों या पाप क्षयों का ज्ञान या मुक्ति का ज्ञान।

द्वितीय पञ्चदश आचरणों से सम्पन्न हैं - वे शीलसंयत इन्द्रिय (चक्षु, कर्ण, नासिका, जिह्वा, काय, मन) संवरणशील, आहार में मात्रा जानने वाले, सदैव-जाग्रत, श्रद्धा समन्वित, पाप के प्रति लज्जाशील, पापकर्म से विरत, श्रुतवान पण्डित, वीर्यवान, स्मृतिमान, प्रज्ञावान, प्रथम, द्वितीय, तृतीय तथा चतुर्थज्ञान से युक्त।

"अम्बट्ठ" सूत्र की तरह विद्या आठ प्रकार की होती है जैसे-

1) **विपस्सना ज्ञानं** - विदर्शन या तत्त्वज्ञान। इस शरीर के जड़ पदार्थ, पृथ्वी या मिट्टी तेज या वायु ये चार महाभूत द्वारा निर्मित, अनित्य, क्षयशील और माता-पिता से ही उत्पन्न होते हैं। आहारादि और

परिदर्शन (गात्रमार्ज्जनादि) द्वारा इन्हें शुद्ध रखा जाता है। ज्ञान-चक्षु द्वारा शरीर के इस रूप के दर्शन को विदर्शन ज्ञान कहा जाता है।

2) **मनोमय ऋद्धि** - इसके अंतर्गत मनोमय ऋद्धि या अमानुषिक क्षमता आती है जैसे- इच्छानुसार अन्य रूप धारण करना और अन्य के शरीर में प्रवेश करने की क्षमता इत्यादि।

3) **इद्धि विद्या** - (ऋद्धिविध या नाना प्रकार की आमानुषिक क्षमता) जैसे एक व्यक्ति का अनेक व्यक्ति होना, अचानक उपस्थित होना, अचानक अदृश्य होना, देवालय से अचानक दीपक का चला जाना, प्राकार के अंदर दीपक का जल जाना, पर्वत का भेदन कर चला जाना, जल में डूब जाने की तरह पृथ्वी में डूब जाना, जल के ऊपर दीपक का चलना, पक्षी की तरह आकाश में गमन, यहाँ तक कि चंद्र और सूर्य को भी हाथ द्वारा स्पर्श करना आदि क्रियायें इसके अंतर्गत आती है।

4) **दिव्वसोतं** - (दिव्यश्रोत या दिव्य कर्ण) इसके द्वारा बहुत दूर का या निकट के मनुष्यों का या सभी प्रकार के जीव-जन्तु और देवता गन्धर्वों आदि के शब्दों को सुना जाता है।

5) **परचित्त विजाननं** - दूसरों के मन के भाव जानना।

6) **पुब्बे निवासानुस्मृति आनं** - पूर्व पूर्व जन्मों के वृतान्तों के स्मरण का ज्ञान।

7) **चतुपपातञनं** - च्युति या मृत्यु के पश्चात् कहाँ जन्म होगा, उसका ज्ञान।

8) **आसवक्खय ञानं** - आश्रवक्षयज्ञान कामादि पाप विनाश का ज्ञान। इस ज्ञान की प्राप्ति से व्यक्ति पापहीन, पवित्र और निर्वाण रूपी मोक्ष को प्राप्त कर अर्हत होता है।

4) **सुगत** - शोभन या सुन्दर गमन करते हैं जो सम्यक् प्रकार से गमन करते हैं, जो सुन्दर रूप से चलते है वे ही सुगत हैं।

बुद्ध जिस मार्ग से गमन करते हैं वह आर्यमार्ग है एवं वह अत्यंत शोभन और सुन्दर है। इसी सुन्दर मार्ग में गमन करने के कारण क्षेमस्थान (निर्भयस्थान) निर्वाण की प्राप्ति होने के कारण वे सुगत है।

सुन्दर स्थान का अर्थ निर्वाण है। बुद्ध इसी सुन्दर स्थान को प्राप्त हुए थे, इसी कारण वे सुगत कहलाये।

बुद्ध सम्यक् प्रकार से गत हुए है, अब प्रत्यागमन नहीं करेंगे, इस कारण वे सुगत हैं।

बुद्ध सुन्दर रूप से सुवचनों को कहते हैं (गमति), इस कारण वे सुगत हैं।

इस प्रकार बुद्ध सुन्दर स्थानों में गमन करने वालो तथा प्रीतिवचन और सत्यवचन बोलने वाले हैं।

5) **लोकविद्** - लोकज्ञ, त्रिलोक को जानने वाले हैं, इस कारण लोकविद् संस्कारलोक (प्राणीजगत), सत्व लोक (शाश्वत और अशाश्वत स्थान) और आकाश लोक (चंद्रमंडल, सूर्य मंडल) ग्रह आदि सभी से अवगत हैं। लोक का स्वभाव, उत्पत्ति, निरोध, निरोध के उपाय का ज्ञान होने से लोकविद् है।

6) **अनुत्तरोपुरिस-दम्म-सारथी :** बुद्ध अनुत्तर पुरुष-दम्य-सारथी हैं क्योंकि वे दान, शील, समाधि और प्रज्ञा में अनुत्तर हैं। विमुक्ति ज्ञानदर्शन में उनसे श्रेष्ठ कोई नहीं हैं, समान भी कोई नहीं है। इस कारण बुद्ध अनुत्तर हैं।

जो सभी व्यक्तियों से दमित नहीं होता बल्कि सभी व्यक्तियों का दमनकारी सारथी होता है। जिस तरह सारथी अदमित अश्वों का दमन करता है उसी तरह बुद्ध भी अदमित, अविनीत, काम-क्रोधादि के वश उग्र स्वभाव से युक्त व्यक्तियों का दमन कर उन्हें विनीत बनाते हैं, शील, समाधि और प्रज्ञा में प्रतिष्ठित करते हैं एवं अंत में निर्वाण प्राप्त कर सम्पूर्ण रूप से दमन करते है। इसी कारण उन्हें "पुरिस दम्म सारथी" कहा गया।

7) **सत्था देवमनुस्सानं** :- देवों और मनुष्यों के शास्ता, शासनकर्त्ता, शिक्षक। देवताओं और मनुष्यों को धर्मोपदेश देकर निर्वाण प्राप्ति करवाने के कारण बुद्ध देवताओं और मनुष्यों के शास्ता या शासनकर्त्ता हैं। कई देवता, गन्धर्व और ब्रह्मा ने उनके उपदेश से निर्वाण प्राप्त किया, अनगिनत मनुष्य है जो उनके उपदेश सुनकर दुःखमुक्त हुए, इसी कारण बुद्ध "सत्था देवमनुस्सानं" अर्थात् देवताओं और मनुष्यों के शास्ता कहे गये।

8) **बुद्धो** : वे बुद्ध हैं क्योंकि वे विमुक्तिज्ञान के अधिकारी, जीवनस्वप्न में चिर-जाग्रत, लौकिक और लोकोत्तर सर्वज्ञान गुणों से प्रबुद्ध हैं। चार आर्यसत्यों से अवगत होने के कारण बुद्ध हैं, अपर... चार आर्य सत्यों का उपदेश देने के कारण बुद्ध हैं।

9) **भगवा** - (भगवान) श्रेष्ठ उपाधि से अलंकृत हैं बुद्ध क्योंकि वे प्राणियों में सर्वश्रेष्ठ हैं और इस उपाधि के योग्य हैं। छः प्रकार के ऐश्वर्य से युक्त भगवान हैं। लौकिक और लोकोत्तर सुखदायक दान, शील आदि दस पारमिताओं से पूर्ण होने के कारण भगवान हैं। वे ऐसी अवस्था में स्थित हैं कि उनके जैसी गति निरूपण किसी में भी नहीं हैं। वे सभी बन्धनों का अतिक्रमण कर, पापकर्म भंग कर नव लोकोत्तर धर्म निर्वाण में स्थित हैं।

भग्ग रागो, भग्ग दोसो, भग्ग मोहो, अनासवो,
भग्गास्स पापका धम्मा, भगवा तेन वुच्चतीति।

जिसके राग (काम), द्वेष (क्रोध), मोह (अज्ञानता) ध्वंस हो गये हैं, तृष्णा का क्षय हो गया है, जिनके पाप धर्म समुदय भग्न हो चुके हैं, इस कारण भगवान कहे गये हैं।

बुद्धो'पि बुद्धस्स भासेय्य वण्णं
कप्पम्पि चे अञ्ञमभासमानो
खीयेथ कम्पो चिरदीधमन्तरे
वने न खियेथ तथागतस्स।

यदि व्यक्ति सर्वज्ञ बुद्ध का कल्पकाल तक त्रिपिटक धर्म की देशना न कर केवल बुद्ध गुणों का वर्णन करे तो उससे एक कल्प ही शेष होगा

लेकिन बुद्धगुणों का वर्णन शेष न होगा।

बुद्धञानमन्तं हि आकासं विपुलं समं,
खपयेत कल्पभासितं न च बुद्धञानकरवयं।

बुद्धज्ञान आकाश के सदृश वृहत् है। कल्पकाल तक भाषण करने भर से बुद्ध ज्ञान का अंत नहीं हो सकता।

इस प्रकार पुनः पुनः उपरोक्त नामों से बुद्ध का स्मरण करने से भावना करते-करते मन किसी भी कामभावों में नहीं जाता, क्रोध नहीं आता, मोह या अज्ञानता दूर हो जाती है। केवल भगवान के प्रति चित्त एकाग्र होता है। मन में केवल बुद्ध की गुणावली पुनः पुनः स्मरण आती है। इस प्रकार की भावना करने से मन में प्रीति का संचार होता है। उसके पश्चात् चित्त समाधिस्थ होता है। बुद्धानुस्मृति भावना के फल से स्वर्ग को गमन करते हैं।

2) **धर्मानुस्मृति (धम्मानुस्सति)** :- धर्मानुस्मृति भावना करने से चित्त शुद्ध, पवित्र और शान्त होता है। इसके द्वारा धर्मपथ में विचरण करते हुए दुःखविमुक्ति की ओर अग्रसर होते हैं। धर्म के छः गुणों की भावना करने से धर्मानुस्मृति भावना होती है,

स्वाक्खातो भगवता धम्मो, सन्दिट्ठिको, अकालिको, एहिपस्सिको, उपनायिको, पच्चत्तंवेदितव्वो विञ्ञूहीति।

1) **स्वाक्खातो भगवता धम्मो** :- (सू+आक्खातो, सुन्दररूपे व्याख्यात) भगवान बुद्ध द्वारा किया गया धर्म सुन्दर तथा विस्तृत ढंग से कहा गया है जिसे अनायास ही बुद्धि ग्रहण कर लेती हैं। बुद्ध ने इसे सरल ढंग से कहा है। उन्होंने धर्म के आदि, मध्य और अन्त की कल्याणदायक धर्म की देशना की। भगवान बुद्ध ने किसी कल्पनाप्रसूत धर्म का प्रचार नहीं किया बल्कि जिसका दर्शन किया उस मार्ग का विचरण कर दुःख विमुक्ति से अभिगत हुए। इसी अभिज्ञतालब्ध ज्ञान का लोकहितार्थ जनमानस में प्रचार किया।

अङ्गुत्तर निकाय में यह प्रसंग इस प्रकार आया है–

सेय्याथा-पि भिक्खवे महासमुद्दो एकरसो लोणरसो, ऐवमेव खो भिक्खवे अयं धम्म-विनयो एकरसो विमुक्तिरसो। हे भिक्षु समूह! महासमुद्र के जल में जिस प्रकार एकमात्र लवणयुक्त स्वाद होता है उसी प्रकार इस धर्म-विनय में भी एकमात्र विमुक्ति का स्वाद है।

बुद्ध का उपदेश मुख्यतः दो भागों में बाँटा जा सकता है। एक तो "परियत्ति" धर्म और दूसरा "लोकोत्तर धर्म"। त्रिपिटक में आये बुद्ध वचनों को "परियत्ति" धर्म कहा गया। आर्य अष्टाङ्गिक मार्ग एवं निर्वाण आदि नौ प्रकार के धर्म लोकोत्तर धर्म कहे गये। लोकोत्तर धर्म का अर्थ है जो धर्म साधारण लोक का प्रतिपालन नहीं करते और जिनका ज्ञानमार्ग उससे अधिक आगे होता है वे प्रतिपाल्य हैं।

स्वाक्खातो शब्द द्वारा "परियत्ति" धर्म और "लोकोत्तर" धर्म दोनों ही धर्मों की सुन्दर रूप से व्याख्या हुई है।

जैसे दानकथा, शीलकथा, स्वर्ग की कथा, काम-भोग द्वारा हानि एवं वैराग्य द्वारा लाभ-क्रमशः इस प्रकार ये मनुष्य को निर्वाण उपलब्धि की ओर खींच कर ले जाते हैं।

2) **सन्दिट्ठिको** :- भगवान बुद्ध का यह धर्म स्वयं द्रष्टव्य है अर्थात् दूसरों की व्याख्या सम्यक् रूप से हृदयङ्गम नहीं की जा सकती स्वयं आचरण करके ही यह उपलब्धि प्राप्त करनी पड़ती है। जो काम, क्रोध और मोह का परित्याग करते हैं वे बुद्ध द्वारा प्रदर्शित अष्टाङ्गिक मार्ग को सहज ढंग से उजागर करते हैं।

किसी ब्राह्मण के जिज्ञासा करने पर भगवान ने कहा, "हे ब्राह्मण! जो व्यक्ति रागभिभूत या कामासक्त है वह अपना तो अनिष्ट करता ही है, दूसरे का भी अनिष्ट करता है, दोनों का ही अनिष्ट करता है एवं मानसिक कष्ट का भी भागी होता है। राग (काम) का विनष्ट होने से कोई स्वयं का ही अनिष्ट नहीं करता, दूसरों का भी अनिष्ट नहीं करता, दोनों का भी अनिष्ट नहीं करता, इस प्रकार किसी भी प्रकार से मानसिक कष्ट का भी भोग नहीं करता। इस प्रकार धर्म "सन्दिट्ठिको" होता है जिसमें लोक स्वयं को देखता है, अनुभव करता है।

3) **अकालिको** :- कालाकालहीन - अकालिक - इस धर्म का फल प्रदान करने का कोई निर्दिष्ट काल न होने के कारण अकालिक है। दिन, सप्ताह, मास या वर्ष के पश्चात् फल देगा ऐसा कहने से कोई समय निर्दिष्ट नहीं है। कार्य के पश्चात् किसी भी समय फल प्रदान करने के कारण इसे आकालिक कहा गया।

4) **एहिपस्सिको** :- यह धर्म देखने योग्य है इसमें किसी कल्पना का स्थान नहीं है। यह देख सकता है, विधि के उपयुक्त होने के कारण यह धर्म देखने वाला है। अंधविश्वास का धर्म नहीं है, (एस पश्यिक आओ देखो बोलो, यह देखने योग्य और बुलाने में समर्थ है), यह धर्म बुलाने में समर्थ क्यों हैं? काल्पनिक न होने के कारण यह प्रकृत विद्यमान एवं परिशुद्ध है। जिसकी मुट्ठी में कुछ नहीं है वह यह नहीं कह सकता कि मेरी मुट्ठी में सोना या हीरा या अन्य कुछ है-क्योंकि तुम्हारी मुट्ठी में कुछ भी नहीं है। कोई पवित्र वस्तु मुट्ठी में रहने पर भी दूसरे को नहीं दिखाते, उसे ढकने की कोशिश करते है। नौ प्रकार के लोकधर्म स्वभावतः विद्यमान रहते हैं एवं मेघमुक्त आकाश में पूर्ण चन्द्रमा की तरह निर्मल और परिशुद्ध रहते हैं। यह स्वयं परीक्षा-निरीक्षण द्वारा प्रत्यक्षीभूत धर्म है।

5) **उपनायिको** :- उर्ध्वगतिसम्पन्न यह धर्म मनुष्य को मानवत्व, देवत्व, ब्रह्मत्व स्तर को पार कर निर्वाण की ओर ले जाता है। तभी यह धर्म उपनायक और उर्ध्वपरिचालनकारी है।

6) **पच्चत्तं वेदितव्वो विञ्ञूहीति** :- विज्ञ वेदनीय (ज्ञातव्य) यह गंभीर धर्म साधारण मनुष्यों में सहज रूप से हृदयङ्गम नहीं हो पाता। दूसरों के अनुभव या प्राप्तिमार्ग का विषय उनके मुख से सुनकर और इसको सम्यक् रूप से प्राप्त करना कष्टकर है। यह धर्म गंभीर गवेषणा प्रभूत सूक्ष्मविश्लेषणयोग्य, निरपेक्ष विचार-मीमांसा से युक्त है। ज्ञानी लोग उसी के अनुरूप उसको जानते हैं, उपलब्ध करते हैं। तभी कहा जाता है कि यह धर्म स्वयं की कोशिश से विज्ञगणों को बोधगम्य होता है।

धर्म के इन छः गुणों का ध्यान करने के फलस्वरूप चित्त एकाग्र होता है एवं मोह और अज्ञान दूर होते हैं।

3) **संघानुस्मृति भावना :-** बुद्धानुस्मृति और धर्मानुस्मृति भावना के पश्चात् संघानुस्मृति भावना करनी चाहिए। संघ के नौ गुणों का स्मरण करने के लिए चित्त को धर्ममुखी हो सदैव जाग्रत होना पड़ता है। संघ दो प्रकार का है - आर्यसंघ[1], सम्भूतिसंघ। यहाँ आर्यसंघ ही अभिप्रेत है। संघ के नौ रूपों की भावना इस प्रकार है :-

1) सुपटिपन्नो भगवतो सावकसंघो।

2) उजूपटिपन्नो भगवतो सावकसंघो।

3) ञायपटिपन्नो भगवतो सावकसंघो।

4) सामीचिपटिपन्नो भगवतो सावकसंघो।

5) यदिदं चत्तारि पुरिस - युगानि, अट्ठपुरिस-पुग्गला एस भगवतो सावकसंघो।

आयथ्यनेय्यो, पाथ्यनेय्यो, दक्खिनेय्यो, अञ्जलिकरणीय्यो

अनुत्तरं पुञ्ञक्खेत्तं लोकस्सोति।

1) **सुपटिपन्नो (सुप्रतिपन्न) भगवतो सावकसंघो :-** भगवान के श्रावक संघ सुप्रतिपन्न हैं अर्थात् बुद्ध के शिष्यगण सन्मार्ग या प्रकृत पथ का अवलम्बन करते हैं। जो व्यक्ति किसी मार्ग अथवा पथ से होकर चलता है वह मार्ग प्रतिपन्न या पथ-प्रतिपन्न कहा जाता है।

यदि वह मार्ग सु अर्थात् उत्तम है तब वह मार्ग सुमार्ग प्रतिपन्न और यदि वह मार्ग कु अर्थात् खराब मार्ग है तब वह कुमार्ग प्रतिपन्न कहा जाता है। भगवान ने निर्वाण हेतु जो मार्ग निर्दिष्ट किया है वह अति उत्तम है। इसके तुल्य सुमार्ग और नहीं है जो इस मार्ग का अवलम्ब करेंगे। वे निर्वाण नगर की ओर प्रस्थान करते हैं जो कि सुमार्ग प्रतिपन्न है।

सावक-संघो से तात्पर्य है श्रावकसंघ, श्रावक समूह, शिष्य दल, जो भगवान का उपदेश सुनकर तदानुसार चलते हैं, वे सावक या श्रावक हैं। जो सुने वे श्रावक। संघ का तात्पर्य है समाज, दल, गण, समूह। अतएव सावक संघ का अर्थ श्रावक समूह शिष्ट दल। सुप्रतिपन्न शब्द से सम्यक्

---

1. आर्यसंघ में स्रोतापन्न, सकृदागामी, अनागामी, अर्हत। मार्ग लाभ करने वाले गृही और आर्यसंघ को करने वाले।

प्रतिपद (मार्ग) प्रतिपन्न, अनुलोम प्रतिपद (मार्ग) प्रतिपन्न, धर्म-अधर्म प्रतिपद (मार्ग) प्रतिपन्न इत्यादि अर्थ होता है।

2) **उजुपटिपन्नो भगवतोसावक संघो** :- भगवान् बुद्ध द्वारा दिया गया आर्य अष्टाङ्गिक मार्ग ऋजु अर्थात् सीधा है। किसी स्थान में जाने के लिए सीधे मार्ग से जाकर सहज ही पहुँचा जा सकता है। निर्वाण की प्राप्ति के लिए इससे छोटा मार्ग और नहीं हैं। इसी कारण कहा जाता है कि बुद्ध का श्रावक संघ ऋजु प्रतिपन्न है।

3) **ञाय (न्याय) पटिपन्नो भगवतो सावक-संघो** :- ञाय का अर्थ न्याय, ठीक, यथार्थ। आर्य अष्टाङ्गिक मार्ग निर्वाण प्राप्ति के लिए यथार्थ मार्ग है। अन्य दूसरे मार्ग के अवलम्बन से निर्वाण की प्राप्ति नहीं होती है। अतः यह न्याय मार्ग प्रतिपन्न ही "ञायपटिपन्नो" (न्याय-प्रतिपन्न) है।

4) **सामीचि पटिपन्नो भगवतो, सावक संघो** :- सामीचि से तात्पर्य अनुरूप या उपयुक्त। आर्य अष्टाङ्गिक मार्ग निर्वाण प्राप्ति के लिए उपयुक्त तथा अनुरूप मार्ग है। इसीलिए यह मार्ग प्रतिपन्न व्यक्तियों के लिए सामीचि प्रतिपन्न है। श्रावक संघ के लिए भगवान द्वारा दिया गया उपयुक्त मार्ग है, जो श्रावक संघ के लिए सम्यक् पथ प्रतिपन्न है, वे चार जोड़ों में विभक्त है और पृथक्-पृथक् करने से आठ पुरुष या पुद्गल होते हैं जैसे :- (1) स्रोतापन्न (2) सकृदागामी (3) अनागामी और (4) अर्हत्। मार्ग और फल की प्रत्येक श्रेणी फिर दो भागों में विभक्त होती है जैसे–

(1) स्रोतापत्ति मार्गलाभ (2) स्रोतापत्ति फललाभ, (3) सकृदागामी मार्गलाभ, (4) सकृदागामी फललाभ, (5) अनागामी मार्गलाभ, (6) अनागामी फललाभ, (7) अर्हत् मार्गलाभ, (8) अर्हत् फललाभ

इस प्रकार मार्ग और फल के हिसाब से चार जोड़े बनते हैं।

इस प्रकार भगवतो सावकसंघो (भगवान के इस रूप में श्रावक संघ)

आथ्हनेय्यो (आ के योग्य), चीवर, पित्तपात, औषध और विहारादि शयनासन चार प्रकार के हैं। ये चार प्रत्यय दान के उपयुक्त पात्र हैं इस

कारण संघ के "आत्थनेय्य" के अंतर्गत आते हैं। दूर होने से आह्वान करके या निमंत्रित करके बुलाकर पूजा योग्य कहना। कई पुस्तकों में "आत्थनेय्यो" का ही परिवर्तित शब्द "आह्वानीय" मिलता है। देवराज इन्द्र आदि का आह्वान या पूजा कर संघ आह्वान करता है। अग्नि ब्राह्मण समूह के लिए आह्वनीय है, पूजनीय है। उसी में वे घृत आदि से निक्षेप कर आहुति देते हैं। इस प्रकार आहुति या पूजा से कोई विशेष फल की प्राप्ति नहीं होती। महाफल की प्राप्ति के लिए बुद्ध के श्रावक-संघ को दान करना उचित है। वे ही प्रकृत रूप से "आह्वनीय" (आत्थनेषा, पूजनीय) है इसीलिए भगवान ने कहा है–

यो च वस्सतं जन्तु अग्गि परिचरे वने
एकञ्च भावितत्तानं मुहुत्तमपि पूजये
सा चेव पूजना सेय्यो यञ्चे वस्सतं हुतन्ति।

जो व्यक्ति वन में निवास कर सौ वर्षों तक अग्नि में आहुति या पूजा करता है। (अग्नि पूजा करता है) उसके वे सौ वर्ष की आहुति या पूजा की अपेक्षा किसी अर्हत् व्यक्ति की मुहूर्त मात्र की पूजा श्रेष्ठ है।

इस गाथा में "वस्सतं हुंत" शब्द का अर्थ सौ वर्षों से व्याप्त अग्नि में आहुति देना है। यह आहुति अपेक्षाकृत संघ को आहुति देने से कई गुणा मंगलदायक हैं।

पाथ्हनेय्यो :- पाथ्हनेय्यो का अर्थ दूर देश से आने वाले प्रिय परिचित मित्र के सत्कार हेतु संग्रहीत वस्तु से है। संघ में उन संग्रहीत उत्तम दान की वस्तुओं को ग्रहण करने योग्य पात्र को ही पाहुन कहते हैं।

दक्खिनेय्यो :- दूसरे पर विश्वास कर जो दान दिया जाता है, उसको दक्षिण कहा जाता है किन्तु संघ उस दक्षिणा को ग्रहण करने के लिए उपयुक्त पात्र होने के कारण दाक्षिणेय्य है।

अंजली करणीय :- अंजलिबद्ध हो मस्तक पर लगा नमस्कार कहकर संघ को "अंजली" देते हैं। संघ पृथ्वी में स्थित सभी के लिए अंजली करणीय है।

जगत् का अनुत्तर पुण्यक्षेत्र :- पुण्य फल की प्राप्ति में इसके समान उर्वर क्षेत्र संसार में अन्य नहीं है। इसी कारण संघ को जगत् में श्रेष्ठ पुण्य क्षेत्र कहा गया है।

संघ के इन नौ गुणों का स्मरण करने से संघ के प्रति चित्त प्रसन्न रहता है एवं आन्तरिक लाभ की प्राप्ति होती है, द्वेष और मोह हट जाते हैं।

4) **शीलानुस्मृति भावना** :- शीलहीन व्यक्ति प्रकृत मानव नहीं होता। जिस प्रकार वायु बिना जीवन नहीं रहता है उसी प्रकार चरित्र या शील नहीं रहने से मनुष्यत्व नहीं रहता। सामाजिक मनुष्य को शीलपालन करना बहुत ही आवश्यक है। इसी कारण भगवान् बुद्ध ने शीलपालन पर अधिक जोर दिया है, शील होने से समाधि और प्रज्ञा भीतिस्तम्भ की तरह है। शीलपालन सभ्यता और शान्ति का द्योतक है। इस प्रकार शीलानुस्मृति भावना से भी मनुष्य काय-मन-वाक् से निर्मल चरित्र का अधिकारी होता है। समाज में कल्याणकारी रूप में परिगणन होता है।

शील समूह इस प्रकार है :-

1) अखण्डानि अखण्ड। पंचशील, दससुचरित्रशील या अष्टशील प्रारंभ से अंत तक भंग नहीं होती।
2) अच्छिद्दानि - छिद्रहीन। शील समूहों में कोई शील भंग नहीं होता।
3) असवलानि - अशबल। शील समूहों में दो या तीन शील में क्रम भंग नहीं होता।
4) अकम्मासानि - कलुषहीन। कलुषहीन किसी का शील भंग नहीं होता।
5) भुजिस्सानि - भुजिष - तृष्णा, दृष्टि, मानमुक्त।
6) विञ्ञूप्सथ्था नि - विज्ञ प्रशंसित। अर्हत, वृद्ध और श्रावकगण द्वारा प्रशंसित।
7) अपरामट्ठानि - अपरामृष्ट मिथ्यादृष्टि आदि पाप धर्म द्वारा दमित...
8) समाधिसंवत्तनिकाना'ति - समाधि संवर्तक। अर्थात् - समाधि-उत्पादक।

5) **देवतानुस्मृति भावना** :- बुद्धानुस्मृति आदि भावनाओं के पश्चात् देवतानुस्मृति भावना करने से देवी-देवताओं की तरह अवस्था प्राप्त कर जन्म एवं चित्त निर्मल हो जाता है। निर्मल चित्त लोभ-द्वेष-मोह के क्षय की ओर प्रवाहित होता है।

देवतानुस्मृति भावना इस प्रकार करते हैं :-

सन्ति देवा चतुम्महाराजिका, सन्ति देवा तावतिंसा, सन्ति देवा यामा, सन्ति देवा तुसिता, सन्ति देवा निम्मानरतिनो, सन्ति देवा परनिम्मित वसवत्तिनो, सन्ति देवा ब्रह्मकायिका, सन्ति देवा ततुत्तरि। यथारूपाय सद्धाय समन्नागता ता देवता इतो चूता तथ्य ऊप्पन्ना, मह्यम्पि तथारूपासद्धा संविज्जति। यथारूपेण शीलेन, यथारूपेण सूतेन, यथारूपेन चागेन, यथारूपेन पञ्ञाय समन्नागता ता देवता इतो चुता तथ्य उप्पन्ना मह्यम्पि तथारूपं शीलं, तथारूपं सुतं, तथारूपं चागं, तथारूपं पञ्ञासंविज्जति।

काम सुगति भूमि में- चतुर्महाराजिक देवतागण हैं, यस्त्रिंश स्वर्गवासी देवगण हैं, यमलोकवासी देवगण, तुसित स्वर्गवासी देवगण, परनिर्मित वशवर्ती, निर्माणरतिवासी देवगण।

रूप ब्रह्मलोक :- 16 स्तर रूपब्रह्म के हैं।

अरूप ब्रह्मलोक :- 4 अरूप स्तर के अरूपब्रह्मगण हैं। ये सभी मनुष्यलोक में थे। श्रद्धा, दान, शील, शास्त्रज्ञान और प्रज्ञा मनुष्य लोक से च्युत होकर देव-ब्रह्माजीवन को प्राप्त करता है। हमारे अनुरूप श्रद्धा, दान, शील, शास्त्रज्ञान, प्रज्ञा होती है।

यहाँ देवतागणों के साक्षी रूप में उपस्थित हो स्वयं के गुणों पर विचार करता है। इससे चित्त प्रसन्न रहता है। प्रसन्नचित्त सद्विषय का विचार होता है।

धर्मजीवन-यापन कर उत्साहित होता है। देवतानुस्मृति की भावना आत्मशक्ति जागृत करता है।

6) **मरणानुस्मृति भावना** :- मरणानुस्मृति भावना में लोभ-द्वेष-कलहप्रियता की भावना का ह्रास होता है। इस प्रकर चित्त दोषों के प्रशमन से पवित्र, शान्त होता है। इस प्रकार की भावना मनुष्य को

पापकर्म से विरत करती है, पुण्यकार्य करने के लिए उत्साहित करती है। दृढ़ और धीरचित्त व्यक्ति ही इस भावना को करने में सक्षम होता है। इस भावना को निम्नलिखित प्रकार से करते हैं :-

"मरणं मे भविस्सति" - मेरी मृत्यु होगी - इसी को स्मरण कर बार-बार दोहराना पड़ता है। भावना के माध्यम से चित्त दृढ़ हो धीरे-धीरे मृत्यु की चिन्ता इस प्रकार करता है :

1) मेरी मृत्यु पूर्वपुरुषों की तरह होगी।

2) अतीत में सभी मनुष्यों की मृत्यु हुई है।

3) ज्ञानी लोगों की मृत्यु हुई है।

4) धनवानों की मृत्यु हुई है।

5) शक्तिमानों की मृत्यु हुई है।

6) दाताओं की मृत्यु भी हुई है।

इन सभी की भावना करने से सव्वेसत्ता मरिस्सन्ति, मरणन्तं हि जीवितं। सभी जीवों की मृत्यु निश्चित है। मृत्यु के पूर्वमुहूर्त तक केवल जीवन-लक्षण होता है। मृत्यु की चिन्ता करने से ध्यानी धीर, स्थिर, होता है एवं सभी विषयों में अचल, अटल होता है।

जीवितं व्याधि कालो च देहनिक्खेपनं गति,
पक्खेते जीवलोकस्मिं अनिमित्ता न ञायरे।

परम आयु कितने दिन रहेगी, यह कोई नहीं कह सकता,
कब कौन-सी व्याधि आक्रमण करेगी, यह कोई नहीं कह सकता,
दिन-रात्रि किस मुहूर्त में मृत्यु होगी, यह कोई नहीं कह सकता,
जल अथवा स्थल कहाँ मृत्यु होगी, यह कोई नहीं कह सकता,
मृत्यु के पश्चात् कहाँ जन्म होगा, यह कोई नहीं कह सकता।
जीवन में ये पाँच घटनाएँ कब घटित होगी, यह कोई नहीं कह सकता।

-सब्बेसत्ता मरिस्सन्ति मरणन्तं हि जीवितं,

यथाधम्म गमिस्सन्ति पुञ्ञपाप - फलूपगा।

म्मनिरयं पापकन्ता पुञ्ञकम्मा च सुग्गतिं,

अपरे च मग्गं भावेत्वा परिनिब्बन्ति अनासवा।

7) **उपशमानुस्मृति भावना :-** निर्वाण शांति के लिए उपशमानुस्मृति भावना आधार का कार्य करती है। निर्वाण-शान्ति का तात्पर्य ही चित्त की शांति से है। इस प्रकार का विचार सभी साधकों को इस प्रकार करना चाहिए - मैं शान्त हूँ, शान्ति से परिवेष्टित, हमारे चारों ओर अभ्यान्तर (अंतर और बाह्य) शांति उपस्थित है। यह कैसी शांति है? यह विरागशांति, तृष्णाक्षयजनित शांति और निर्वाण शांति है।

8) **कायगतानुस्मृति भावना :-** कायगतानुस्मृति भावना का अर्थ हमारे देहस्थ पदार्थ के अंश चिता (अशुद्ध), (भुंगरता, खाद्यनिर्भरता) संस्कार है। यह भावना हमारे शरीर के केश, लोम, नख, दाँत, पूँछ, श्लेष्मा आदि खराब (दुर्गन्ध) युक्त अंशों के प्रतिबिम्ब...... हैं। इसी बात की बार-बार भावना करने से शरीर के प्रति आसक्ति या ममत्व की भावना कम हो जाती है, शरीर के प्रति मोह दूर हो जाता है। शरीर से लोभ और अहंकारादि का निवारण हो जाता है। इस प्रकार की भावना जीवन-यापन करने और उसके गठन में सहायक होती है। संपूर्ण शरीर के अंशों की अलग-अलग प्रकार से बार-बार (अनुलोम-प्रतिलोम दोनों प्रकार से) भावना करनी चाहिए। जैसे- यह शरीर

1) केश, लोम, नख, दन्त, त्वचा

2) सांस, स्नायु, अस्थि, अस्थि-मज्जा, वृक्क (मूत्राशय)

3) हृत्पिण्ड, यकृत, क्लोम, प्लीहा, फुसफुस

4) अन्त्र, अन्त्रगुन, उदरस्थ वस्तु, विष्ठा, मगज (मस्तिष्क)

5) पित्त, श्लेष्मा, पूँज, रक्त, स्वेद, भेद

6) अश्रु, चर्बी, लार, सिक्नि, (नाक से निकलने वाली अशुद्धि), ग्रंथितेल, मूत्र

10) **अनापानस्मृति भावना :-** जो अनापानस्मृति भावना करते हैं

वे निर्जन एवं किसी शांत स्थान पर पद्मासन लगाते हैं। जिस भी आसन में वे देर तक बैठ सकते हैं, उसी एक ही आसन में बैठकर आसन ग्रहण करते हैं। इसी रूप में आसन ग्रहण कर शरीर को सीधा रख नाक की सीध में मन को स्थिर करते हैं। इसी स्थिति में श्वास लेकर और प्रश्वास छोड़कर वे उसको स्पष्ट रूप से अनुभव करते हैं। श्वास-प्रश्वास की वायु उनकी नाक का या ऊपरी ओष्ठों का स्पर्श करते हैं। श्वास लेना और प्रश्वास छोड़ने के समय जो वायु इन दोनों स्थानों का स्पर्श करती है उसको निःशब्द ही अनुभव कर मन-ही-मन इस प्रकार भावना करनी चाहिए - उठती है, गिरती है। इस समय विशेष रूप से यह ध्यान रखना चाहिए कि मन वायुस्त्रोत अर्थात् श्वास योग की जिस वायु का अभ्यन्तर में प्रवेश या प्रश्वास त्याग के समय बर्हिगमन होता है वह मनोयोगी न होकर केवल वायु स्पर्शस्थान में सर्वदा एकाग्र हो स्थिर होती है।

इस नियम से ध्यान या भावना करते समय योगी का मन नाना प्रकार से इधर-उधर भ्रमण करता है। यह सब ध्यान की बाधायें हैं, उसे "नीवरण" कहते हैं। मन जब अन्यत्र, अन्य विषयों में चला जाता है तब मन को वहाँ से वापस लाते हैं। श्वास-प्रश्वास के स्पर्शित स्थानों (नासाग्र या उष्ठोग्र) को निबद्ध करना चाहिए एवं उठती है– गिरती है मन-ही-मन जप कर भावना करनी चाहिए।

इस प्रकार श्वास-प्रश्वास स्पर्शित स्थानों पर नियमानुसार क्रम से मनोयोगसहित यदि योगी पर्यवेक्षण करता है तभी वह योगी है–

1) दीर्घ श्वास लेने से एवं दीर्घ प्रश्वास का त्याग करने से उसे दीर्घ समझ कर ठीक प्रकार से पर्यवेक्षण करते हैं,
2) ह्रस्व या छोटी श्वास लेने से एवं ह्रस्व या छोटी प्रश्वास का त्याग करने से उसे ह्रस्व कह कर पर्यवेक्षण करना चहिए।
3) मृदु एवं कोमल श्वास ग्रहण करने से या प्रश्वास का त्याग करने से नासाग्र (या उष्ठोग्र) से स्पर्श होने से नाम से प्रश्वास बाहर आने तक श्वास का आदि, मध्य अन्त कहकर पर्यवेक्षण करते हैं।

4) प्रबल श्वास से क्रमशः मृदुतर श्वास लेना और प्रश्वास के त्याग का पर्यवेक्षण करना चाहिए। जब श्वासकार्य क्रमशः मृदुतर से मृदुतम होती है तभी मालूम होता है मानों श्वासकार्य सम्पूर्ण रूप से अन्तर्निहित हुई है।

जब योगी की यह अवस्था होती है तब वह श्वासग्रहण एवं प्रश्वास त्याग कर अनुसंधान करता है एवं "जो घटा है" आश्चर्यचकित होता है। तब वह किसी भी प्रकार से भावना (ध्यान) न कर विश्राम ग्रहण करना चाहता है। किन्तु ऐसे समय विश्राम करना उचित नहीं है। उसे उस समय उसके मन को नासाग्र या उष्ठाग्र (जो स्थान वायु का स्पर्श करती हैं) निबद्ध कर पूर्व में कहे अनुसार भावना करनी चाहिए। मन के इस प्रकार निबद्ध होने पर मृदु श्वास लेकर एवं मृदु प्रश्वास त्याग कर पुनः ठीक से अनुभूत होता हैं।

इस प्रकार श्वास ग्रहण और प्रश्वास त्याग की क्रिया भावना करते रहने से एक समय साधक के समक्ष श्वास ग्रहण एवं प्रश्वास त्याग का अद्भुत एवं असाधारण रूप सामने आता है। विशुद्धिमार्ग में इसी असाधारण विषय को इस प्रकार वर्णित किया है-

किस-किस प्रकार से योगी का श्वास ग्रहण एवं प्रश्वास त्याग होता है उसका अनुभव इस प्रकार होता है- उज्ज्वल तारों जैसा या रक्तवर्णीय पद्मरागमणि की माला की तरह या मुक्ता माला की तरह, किसी को इस प्रकार लगता है - मानो लम्बी चोटी की हुई सिकड़ी या हार या एक फूलों का गुच्छा या माला या धुएँ का पूंज, किसी को इस प्रकार लगता है मानो विस्तृत मकड़ी का जाल या मेघ-पुंज या रथ चक्र या गोलाकार चंद्र या सूर्य। विशुद्धिमार्ग में वर्णित है कि इस प्रकार भिन्न व्यक्ति भिन्न-भिन्न तरह का अनुभव करते हैं। इन अद्भुत स्वप्नमय विषयों को - "पटिभाग निमित्त" या प्रतिभाग (उज्ज्वल) निमित्त कहा जाता है। निमित्त दर्शन के पश्चात् समाधि में जो बढ़ोत्तरी होती है वे "उपचार समाधि" कही जाती है। उपचार समाधि के माध्यम से नियमित भावना चर्या अग्रसर होने से क्रमशः चार रूपध्यान स्तरों की प्राप्ति होती है- इसे अर्पण समाधि कही जाती है।

श्रेष्ठ प्रकार का योगी शमथ के इन ध्यानों (चतुर्थ ध्यान तक) में परिपूर्ण होने के उपरांत निर्वाण से साक्षात्कार हेतु विदर्शन भावना आरम्भ करता है।

11) **अप्रमेय भावना** :- अप्रमेय भावना चार प्रकार की है : मैत्री, करुणा, मुदिता और उपेक्षा भावना।

1) **मैत्री भावना (मेत्ता भावना)** :- पालि में इसे "मेत्ता" कहते हैं। मेत्ता भावना का अर्थ है मैत्री विचार। मित्र के प्रति जो अच्छा लगना है, आदर, स्नेह या प्रेम है वही मैत्री कहलाती है। लोग मित्र के प्रति इस प्रकार के भावों का पोषण करते हैं और वह भी उसके प्रति उसी प्रकार के भावों का पोषण करता है, उसी का नाम मैत्री भावना है।

अपने प्राणों की अपेक्षा मनुष्य का अपना मित्र (प्रिय) अन्य कोई नहीं है। वह दु:ख पाना ही नहीं चाहता। स्वयं को सभी सुखी करना चाहते हैं। जो सभी प्राणियों को अपनी तरह समझ कर सतत् उनके सुख की प्रार्थना करते हैं उन्हीं को मैत्री-विहारी कहा जाता है।

जो व्यक्ति दूसरों को अपनी तरह जान कर सर्वदा उनके सुख की कामना करते हैं उनके मन में क्रोध का उदय नहीं होता क्योंकि अच्छे लगने वाले पात्र के प्रति क्रोध न आना स्वाभाविक होता है। अत: वे क्रोध पर विजय प्राप्त कर क्षमाशील होते हैं। इसके विपरीत जो कोपी स्वभाव के या क्रोधी होते हैं उनके लिए मैत्री भावना अत्यंत उपयोगी है।

क्रोध मनुष्य का परम शत्रु है। क्रोध के वशीभूत हो मनुष्य कुछ नहीं कर पाता है जबकि यह कोई पाप या दुष्कार्य नहीं है। मनुष्य का काल ही उसका परम शत्रु है। यह मनुष्य को अन्तहीन यंत्रणा प्रदान करती है, बहुत से अनिष्ट और अनर्थ घटते हैं एवं नीरस हो विषम क्लेश प्रदान करता है। पाश्चात्य चिकित्सकों ने यह सिद्ध कर दिया है कि तीव्र क्रोध मनुष्य की आयु को क्षीण करता है। जो जितना अधिक क्रोध करता है, उसकी आयु उतनी ही क्षीण हो जाती है। इस प्रकार महा अनर्थकारी शत्रु के ऊपर विजय प्राप्त करने का क्या उपाय है? मैत्री भावना ही इस

भयंकर शत्रु को दमित करने में सहायक होती है। यह भावना मनुष्य के दूसरे क्लेशों का निवारण भी करती है जिससे दूसरे शत्रु उसके ऊपर हावी नहीं हो सकते।

चार प्रकार के व्यक्तियों से भावना का आरम्भ नहीं करना चाहिए जैसे–

घृणा का पात्र या घृण्य व्यक्ति,
अति प्रिय व्यक्ति
निरपेक्ष व्यक्ति (शत्रु भी नहीं, मित्र भी नहीं)
एवं शत्रु भावापन्न व्यक्ति

स्त्री लोक एवं मृतकजनों के लिए भावना आरंभ न करें।

प्रथमतः स्वयं से या स्वयं के अनुसार मैत्री भावना इस प्रकार आरंभ करनी चाहिए, "मैं सुखी होऊँ एवं दुःखमुक्त होऊँ" या "मैं शत्रुहीन होऊँ, कायिक-मानसिक दुःखमुक्त होऊँ एवं सुख में विहार करूँ।" लेकिन इस प्रकार की भावना का अर्पण समाधि से लाभ नहीं होता। मैत्री ध्यान या मैत्री भावना इस प्रकार करनी चाहिए - मैं जिस प्रकार सुखी होना चाहता हूँ एवं दुःख से डर लगता है, मैं जिस प्रकार बचना चाहता हूँ, मरना नहीं चाहता- दूसरे सभी प्राणी भी यही चाहते हैं। इस प्रकार दूसरे प्राणियों के हित और समृद्धि की कामना से सुख की अनुभूति होती है। तभी बुद्ध ने कहा- मैंने चतुर्दिक खोज कर जाना है- स्वयं को चाहने से बढ़कर प्रिय वस्तु कुछ भी नहीं है। दूसरे क्षेत्रों में भी "निज" निज के प्रति अत्यंत प्रिय होता है।

मैत्री भावना का मन्त्र

1) अहं अवेरो होमि, अव्यापज्जो होमि, अनीघो होमि, सुखी अत्तानं परिहरामि।

अहं विय मह्यं आचरियुपज्झया, माता पितरो हितसत्ता, मज्झत्तिकसत्ता, वेरीसत्ता, अवेरा होन्तु, अव्यापज्जा होन्तु, अनीघा होन्तु, सुखीअत्तानं

परिहरन्त, दुक्खा मूञ्च्न्तु, यथालब्ध-सम्पत्तितो मा विगच्चछन्तु, कम्मस्सका।

अर्थात् मैं शत्रुहीन, विपदहीन और रोगहीन हो सुख से निवास करता हूँ। मेरी तरह मेरे आचार्य, उपाध्याय समूह, माता-पिता, हितैषी और मध्यस्थ व्यक्ति वर्ग एवं मेरे अकल्याणकामी व्यक्तिगण शत्रुहीन, विपदहीन और रोगहीन हो, सुख से निवास करें, दुःख से मुक्त एवं लब्ध सम्पत्ति से वंचित न हो। कर्म ही सबके स्वकीय है।

2) इमस्मिं विहारे इमस्मिं गोचरगामे इमस्मिं नगरे इमस्मिं बंङ्ग देसे जनपदे,
इमस्मिं जम्बूदीपे इमस्मिं पठवियंग इमस्मिं चक्कवाले इस्सरजना सीमाट्ठक-देवता।
सब्बे सत्ता अवेरा होन्तु, अव्यापज्मा होन्तु, अनीघा होन्तु, सुखी अत्तानं
परिहरन्तुं, दुक्खा मुञ्चन्तु, यथालब्ध सम्पत्तितो मा विगच्छन्तु, कम्मस्सका।

3) पूरत्थिमाय दिसाय दक्खिणाय दिसाय पच्छिमाय दिसाय, उत्तराय दिसाय,
पूरक्खिमाय अनुदियास दक्खिणाय अनुदिसाय पच्छिमाय उत्तराय अनुदिसाय,
हेट्ठिमाय दिसाय, उपरिमाय दिसाय, सब्बे सत्ता सब्बे पाणा सब्बे भूता
सब्बे पुग्गला सब्बे अत्तभाव-परियापन्ना, सब्बा इत्थियो सब्बे पुरिसा सब्बे
अरिया सब्बे अनरिया सब्बे देवा सब्बे मनुस्सा सब्बे अमनुस्सा सब्बे विनिपतिका
अबेरा होन्तु, अव्यपज्जा होन्तु, अनीघा होन्तु, सुखी अत्तानं परिहरन्तु, दुक्खा
मञ्चन्तु यथालब्ध सम्पत्तितो मा विगच्छन्तु कम्मस्सको।

अर्थात् पूर्व की ओर, दक्षिण-पश्चिम-उत्तर की ओर, पूर्व कोण, दक्षिण कोण, पश्चिम कोण, उत्तर कोण, नीचे की ओर और उर्ध्व की ओर, सभी सत्व, सभी प्राणी, सभी भूत (जीव) सभी पुद्‌गल (व्यक्ति), सभी देहधारी, सभी स्त्री, सभी पुरुष सभी आर्य, सभी अनार्य, सभी देवता, सभी मनुष्य, सभी अमनुष्य और सभी निम्न श्रेणी के (प्रेत, पिशाच, नरक के प्राणी आदि) सत्वगण शत्रुहीन हो, विपदहीन और रोगहीन हो सुख से निवास करें। सभी दुःख से मुक्त हों एवं लब्ध सम्पत्ति से वंचित न हों। कर्म ही सबके अपने होते हैं।

4) पुरत्थिमस्मिं दिसाभागे सन्ति देवा महिद्धिका,
तेपि मं अनुरक्खन्तु आरोग्येन सुखेन च।

अर्थात् पूर्व की ओर जो समस्त शक्तिशाली देवगण हैं वे मुझे निरामय और सुख की रक्षा करें।

5) दक्खिनस्मिं दिसा भागे सन्ति देवा महिद्धिका,
तेपि मं अनुरक्खन्तु आरोग्येन सुखेन च।

6) पच्छिमस्मिं दिसाभागे सन्तिदेवा महिद्धिका,
तेपि मं अनुरक्खन्तु आरोग्येन सुखेन च।

7) उत्तरस्मिं दिसाभागे सन्तिदेवा महिद्धिका,
तेपि मं अनुरक्खन्तु आरोग्येन सुखेन च।

अर्थात् दक्षिण की ओर, पश्चिम की ओर, उत्तर की ओर जो समस्त शक्तिशाली देवगण हैं वे भी मुझे निरामय और सुख की रक्षा करें।

8) पुरक्खिमेन धतरट्ठो दक्खिणेन विरूलहको
पच्छिमेन विरूपक्खो कुवेरो उत्तरं दिसं,
चत्तारो ते महाराजा लोकपाला यसस्सिनो
तेपि मं अनुरक्खन्तु आरोग्येन सुखेन चा'ति।

अर्थात् पूर्व की ओर धृतराष्ट्र, दक्षिण की ओर विरूठक, पश्चिम की ओर विरूपाक्ष और उत्तर की ओर कुबेर नामक जो चार यशस्वी

लोकपाल महाराजा है, वे भी मुझे निरामय और सुख की रक्षा करें।

मैत्री भावना के मंत्र अपने लिए या दूसरों की मंगल कामना हेतु किये जाते हैं।

मैत्री भावना का फल

क्रोध दमन के पश्चात् इस भावना के द्वारा और भी कई प्रत्यक्ष फलों को प्राप्त किया जा सकता है।

"मेत्ता चेतो विमुक्तिं भावेत्वा योगवचरो पुग्गलो एकादसानिसंसे अटिलभति।" यह ग्यारह प्रकार से है–

1) सुखं सुपति

2) सुखं पटिनुज्झति

3) न पापकं सुखिनं पस्सति,

4) मनुस्सान पिषो होति,

5) अमनुस्सानं पिषो होति,

6) देवता रक्खति

7) नास्स अग्गिं वा रिसं वा सक्ख् वा कमति,

8) तुवट् चित्तं समाधियति

9) मुखवण्णों विद्यसीदति

10) असंमूल्हों कालं करोति,

11) उत्तरिमप्पटिवज्झन्तो ब्रह्म लोमुपपज्जति

1) **सुखं सुपति**- जो मैत्री भावना करते हैं वे सुख निद्रा में जाते हैं। अन्य लोगों की तरह सोते समय दाँत नहीं किटकिटाते, प्रलाप नहीं करते, बार-बार करवट नहीं बदलते। स्थिर हो, निःशब्द हो सुख से सोते हैं।

2) **सुखं पटिवुज्झति**- सोकर उठने के समय या बिना किसी उद्वेग के निःशब्द हो हठात् ही जग जाना। जिस प्रकार कमल का फूल धीरे-धीरे निःशब्द हो प्रस्फुटित होता है उसी प्रकार मैत्री भावना में रत व्यक्ति भी निःशब्द और बिना किसी उद्वेग के सोते हैं।

3) **न पापकं सुखिनं पस्सति**- अन्य लोगों के नाना प्रकार के दु:स्वप्न देख कर भय प्राप्त होता है किन्तु मैत्री भावना में रत व्यक्ति को स्पप्न देखने से किसी प्रकार का भय प्राप्त नहीं होता। दान देना, धर्म सुनना और बुद्ध पूजा आदि अच्छे स्वप्न देखकर आनन्द प्राप्त करते हैं।

4) **मनुस्सानंपिषो होति**- मैत्री भावना में रत व्यक्ति मनुष्य मात्र को ही प्रिय होता है।

5) **अमनुस्सानं पिषो होति**- यक्ष, रक्ष और भूत-प्रेतादि प्रियपात्र होते हैं।

6) **देवता रक्खति**- देवता उनकी सभी आपदा-विपदा से रक्षा करते हैं।

7) **नास्स अग्गिं वा विसं वा सत्थं वा कमति**- मैत्री भावना से शरीर में अग्नि सी उष्णता नहीं लगती, शरीर में विष या अस्त्र प्रवेश नहीं करते।

8) **तुवतं चित्तं समाधियति**- समाधि में बैठने से सत्वर समाधि की प्राप्ति होती है।

9) **मुखवण्णों विप्पसीदति**- मुखमण्डल बहुत प्रसन्न और प्रदीप्त दिखाई पड़ता हैं।

10) **असंमूल्हो कालं करोति**- मृत्युकाल में मैत्री-भावना करने वाला व्यक्ति मोह न करने के कारण निद्रित अवस्था में रहने के समान सुखपूर्वक प्राणों का त्याग करते हैं।

11) **उत्तरिं अप्पटिविझन्तो ब्रह्मलोकम्पपज्जति**- मैत्री भावना द्वारा अर्हत्व की प्राप्ति नहीं होती है, ब्रह्मलोक में जन्म अवश्य होता है।

- ब्रह्मागण मैत्री, करुणा, मुदिता और उपेक्षा भावना में सतत् रत रहते हैं। उनके लिए कोई भावना नहीं होती। इस जन्म में जो व्यक्ति सर्वदा मैत्री आदि भावना करते हैं उसे "ब्रह्मविहारी" कहते हैं। क्योंकि ब्रह्मागण जो भावना करते हैं ये भी वही भावना करते हैं।

इस प्रकार मैत्री भावना द्वारा उत्तम प्रत्यक्ष फलों की प्राप्ति करते हैं वे इस लोक और परलोक में भी सुख के अधिकारी होते हैं जिनकी

भावना में बाधा आती है वे समस्त कार्यों का परित्याग कर आहारादि समाप्त कर किसी निर्जन स्थान में सुख आसन पर बैठ मैत्री भावना के मंत्रों की पुनः आवृत्ति करते रहते हैं।

मैत्री का विस्तार

शत्रु के प्रति बैर या विद्वेष की भावना उपशमित होने के पश्चात् प्रिय या अत्यंत प्रिय सुहृदय के प्रति एवं निरपेक्ष व्यक्ति के प्रति (जिस प्रकार शत्रु के प्रति मैत्री भावना होती है उसी प्रकार) मैत्री का विस्तार करना चाहिए। योगी स्वयं के प्रति, शत्रु के प्रति, प्रिय सुहृदय के प्रति और निरपेक्ष व्यक्ति के प्रति बार-बार मैत्री का विस्तार कर भावना का अनुशीलन करता है।

इस भावना की विशिष्टता इस प्रकार से है - मान लीजिए एक भिक्षुक स्वयं, प्रिय सुहृद, शत्रु एवं निरपेक्ष व्यक्ति चार लोगों को लेकर एक स्थान पर उपवेशन करते हैं। यदि वहाँ डाकुओं का एक समूह आकर कहता है- भदन्त! आप में से एक व्यक्ति हमें दे दीजिए, उसका हम वध करेंगे एवं उसके रक्त से पूजा करेंगे। तभी वह भिक्षु यदि विचार करे कि डाकू उनमें से इसको ले जाये या उसको ले जाय तो पता चलता है कि उसकी मैत्री के निमित्त अप्रमेय या सीमाहीन विस्तार की प्राप्ति उसे नहीं होती। इस प्रकार का रूप क्यों होता है? क्योंकि वे स्वयं की क्षति कर दूसरों की रक्षा करते हैं।

अन्य तीन लोगों को न ले जाकर मुझे ले जाये- इस प्रकार सोचता है तो इससे पता चलता है कि भिक्षु की मैत्री के निमित्त सीमाहीन विस्तार की प्राप्ति नहीं हुई हैं।

ऐसा क्यों होता हैं? क्योंकि उन्होंने अपनी क्षति कर दूसरों की रक्षा की। वह उस समय चार लोगों में से एक को भी डाकुओं को सौंपने के लिए मन से तैयार नहीं था वरञ्च स्वयं एवं दूसरे तीन लोगों के प्रति निरपेक्ष रूप से चित्त को परिचालित करता है तभी वह मैत्री के निमित्त सीमाहीन होकर उसका विस्तार करने में समर्थ है।

भावना द्वारा योगी असीम, अप्रमेय मैत्री का विस्तार करने में समर्थ होता है एवं कठिन भावना अर्पण कर ध्यान प्राप्त करता है। इसी स्थिति में उसे प्रथम ध्यान की प्राप्ति होती है। तभी पञ्चनिवारण का परित्याग भी होता है।

इस स्थिति से जब वह अभिगत होता है तब उसी के निमित्त और भी भावना का अनुशीलन होता है, बार-बार अनुशीलन करने से क्रमानुसार (पाँच प्रकार के) दूसरे और तीसरे ध्यान की प्राप्ति होती है।

प्रथम ध्यान से आरंभ कर इन सभी ध्यान के माध्यम से योगी एक प्रकार से जीवों के प्रति हृदय में अप्रमेय मैत्री का विस्तार करता है। उसी प्रकार द्वितीय-तृतीय-चतुर्थ की ओर, उर्ध्व-अधो की ओर, सभी ओर, सर्वत्र समान भाव से सर्वविश्वव्यापी हृदयानुभूत हो अवैरी, निःदुःख, अप्रमेय, अप्रतिम, अपरिभौम होकर मैत्री का विस्तार करता है। प्रथम या अन्यान्य कोई भी एक ध्यान को प्राप्त करने वाला इसी प्रकार सभी ओर से जीवों के लिए मैत्री भावना का विस्तार करता है।

करुणा भावना

करुणा भावना किस प्रकार आरंभ करनी चाहिए इसका संकेत विभङ्ग ग्रंथ में मिलता है। भाग्यहीन एवं दुःखग्रस्त व्यक्ति जिस प्रकार देखता है उससे करुणा का उद्रेक होता है, उसी प्रकार उनमें सर्वभूत करुणा का विस्तार होता है। इसलिए दुःखग्रस्त व्यक्ति करुणा का पात्र होता है। कुत्सित, दुःखग्रस्त, हस्तपदछिन्न पात्र हाथ में लिये भिक्षारत और आश्रयप्रार्थी, जिसके मवाद रक्त निसृत हाथ-पैर, वेदना कातर व्यक्ति के प्रति इस प्रकार की करुणा भावना करनी पड़ती है। यह व्यक्ति दुःख से भरा हुआ है, वह दुःखमुक्त हो।

इस प्रकार व्यक्ति से साक्षात् न होने पर भी योगी एक सुखी अथवा दुष्कृतकारी व्यक्ति की हत्या के उद्देश्य से बंध्यभूमि में (आनीत) लाकर व्यक्ति के रूप के अनुसार करुणा की भावना आरंभ करता है।

मान लीजिए एक डाकू द्वारा चुराई वस्तु पकड़ी गई। राजा के आदेशानुसार उसे फाँसी के तख्ते पर लटका कर मृत्यु देनी पड़ी।

राजकर्मचारियों ने उसे बाँध कर कई प्रकार से उसे कष्ट दिया। किसी ने उसे उत्तम खाद्य और पानी आदि दिया एवं दूसरों ने उसके शृंगार हेतु माला-सुगंधि-विलेपन इत्यादि प्रदान किये। यद्यपि उसने प्रसन्नतापूर्वक उन व्यक्तियों द्वारा खाद्य-वस्तुएँ आदि ग्रहण कीं फिर भी यह सत्य है कि वह प्रकृत रूप से सुखी और स्वस्थ व्यक्ति नहीं है। योगी को इस प्रकार सोचते हुए करुणा भावना करनी चाहिए - इस दु:खी मनुष्य को अब फाँसी होगी। उसके पदक्षेप उसको मृत्यु की ओर अग्रसर करें। अतएव योगी व्यक्ति उसी प्रकार सुखी होता है अथवा दुष्कृत कर्म करने वाले के प्रति इस प्रकार करुणा की भावना उत्पन्न करता है - यद्यपि यह व्यक्ति (दुष्कृत्तकारी) सुखी, प्रफुल्ल, भोगामत्त है, फिर भी काय-मन-वाक् से किसी सुकर्म को न कर अपने महादु:ख के समक्ष उपस्थित हुआ है।

इस प्रकार ऐसे व्यक्ति के प्रति करुणा की भावना करने के बाद क्रमश: प्रिय व्यक्ति, निरपेक्ष व्यक्ति एवं अंत में शत्रु के प्रति योगी को पूर्व वर्णित करुणा की भावना करनी चाहिए।

शत्रु के प्रति करुणा करते हुए यदि चित्त असंतोष से भरा हो तो मैत्री भावना में वर्णित करुणा भावना करनी चाहिए।[1]

यदि योगी दर्शन या श्रवण करते हैं कि कोई व्यक्ति कुशल कर्म करते हुए भी धन क्षय, जनक्षय इत्यादि दु:खों को प्राप्त कर रहा है, तो वह व्यक्ति भी योगी के लिए करुणा का पात्र होता है। योगी उस व्यक्ति के क्षय और क्षति के प्रति परिप्रेक्षित हो इस प्रकार करुणा उत्पन्न करते हैं- वे प्रकृत रूप से सुखी नहीं है क्योंकि वे भव दु:ख से विमुक्त नहीं है। उसे स्वयं के बीच अर्थात् स्वयं का, प्रिय व्यक्ति का, निरपेक्ष व्यक्ति का एवं शत्रु के बीच अपनी भावना का प्रसार करना चाहिए। उसके पश्चात् उन्हीं के निमित्त अर्थात् चारों श्रेणी के व्यक्तियों के प्रति करुणा करना चाहिए। करुणा का अनुशीलन करने, बार-बार भावना करने से भावना बढ़ाने से (मैत्री भावना के साथ) तृतीय या चतुर्थ ध्यान की प्राप्ति होती है।

---

1. देखें इसी पुस्तक में मैत्री भावना, पृ० - 145

अंङ्गुत्तर निकाय में करुणा की भावना का जो अर्थ प्राप्त हुआ है। वह इस प्रकार है- प्रथमतः शत्रु को निमित्त बना कर करुणा करनी चाहिए। शत्रु के प्रति चित्त को पूर्ण रूप से द्रवित हो दुःख से ग्रस्त व्यक्ति, प्रियजन एवं अंत में स्वयं के प्रति करुणा करनी चाहिए। अतएव उपरोक्त प्रकार से योगी अपनी भावना में वृद्धि करता है, उनके निमित्त अपनी सीमा को बढ़ाता है एवं ध्यान में तन्मय हो अर्पण की भावना में वृद्धि करता है। इस प्रकार योगी सब प्रकार से, सर्वत्र, समभाव हो विश्वव्यापि हृदयानुभूत हो अप्रमेय, अप्रतिम, अपरिसीमित करुणा भावना करते हैं।

मुदिता भावना :- प्रिय व्यक्ति को निमित्त बनाकर मुदिता भावना आरम्भ करना उचित नहीं है। प्रिय व्यक्ति के लिए मुदिता (प्रेम भाव) भाव का कोई विशेष कारण नहीं है। उसी प्रकार निरपेक्ष और शत्रुभावापन्न व्यक्ति के लिए भी मुदिता भावना का कोई औचित्य नहीं है। विशेष कर पुरुष-नारी के या नारी-पुरुष के निमित्त करना चाहिए एवं मृतक व्यक्तियों के निमित्त मुदिता भावना उचित नहीं हैं।

वस्तुतः अत्यंत प्रिय सुहृद के प्रति मुदित भावना का कारण हो सकता है कि वह सुहृद के प्रति प्रफुल्ल, उसके समक्ष ख़ुशी होते हैं, बाद में बात करते हैं। इसी कारण पहले इस प्रकार के व्यक्तियों के प्रति मुदिता या प्रफुल्लता स्फुरित करनी पड़ती है। अथवा किसी प्रिय व्यक्ति के सुख, स्वच्छन्दता एवं प्रफुल्लता का दर्शन या श्रवण करते हैं और उसके प्रति इस प्रकार मुदिता उत्पन्न करनी पड़ती है - "यह व्यक्ति सचमुच प्रफुल्ल है! अहो! वह, बहुत ही अच्छा है एवं यह चमत्कार है!" मुदिता का किस प्रकार से विस्तार करना होगा इस विषय में विभङ्ग ग्रंथ में इस प्रकार दिया है- "योगी अत्यंत प्रिय सुहृद को देखकर जिस प्रकार प्रफुल्ल होता है उसी प्रकार सर्व जीवों के प्रति मुदिता या प्रफुल्लता का विस्तार करना चाहिए।" अत्यन्त प्रिय सुहृद या प्रिय पात्र जो अतीत काल में सुखी था किन्तु वर्तमान काल में हतभाग्य एवं दुर्दशाग्रस्त है। फिर भी, उसके पूर्व सुखस्मृति का स्मरण कर इस प्रकार

से मुदिता भावना करनी चाहिए – "पूर्व काल में उसके पास बहुत-सा वित्त था, बहुत से अनुचर थे एवं सर्वदा सुख का जीवन यापन किया करता था।" या उसके भविष्य की प्रफुल्लता के विषय में सोचकर भावना इस प्रकार करनी चाहिए– "भविष्य में वे फिर से पूर्व अवस्था को प्राप्त कर प्रफुल्ल होवें, स्वर्ण शिविका में, हाथी एवं अश्वपृष्ठ पर भ्रमण करें।"

इस प्रकार अत्यंत प्रिय सुहृद के प्रति मुदिता भावना उत्पन्न कर परवर्ती समय में क्रमशः उनको उनकी सफलता के साथ निरपेक्ष शत्रु या मित्र व्यक्ति एवं शत्रु के प्रति मुदिता व्यक्त करनी चाहिए।

यदि शत्रु के प्रति मुदिता के विस्तार के समय हृदय में असंतोष जाग्रत हो तब मैत्री भावना में वर्णित निर्देशानुसार मुदिता भावना करनी चाहिए।

उसके पश्चात् मानसिक रूप से निरपेक्ष भाव से योगी को और भी चार लागों के प्रति अर्थात् दूसरे तीन श्रेणी के व्यक्तियों के प्रति एवं स्वयं के प्रति मुदिता भावना की सीमा का अतिक्रमण करना चाहिए। अनुशीलन कर उसकी वृद्धि करनी चाहिए एवं बार-बार अनुशीलन करें और तृतीय एवं चतुर्थ ध्यान का अर्पण कर उसको बढ़ायें। बाद में, योगी को सभी तरफ से, सर्वत्र, समभाव से विश्वव्यापी हृदयानुभूत अप्रमेय, अप्रतिम, अपरिसीमित मुदिता भावना का विस्तार करना चाहिए।

उपेक्षा भावना

उपेक्षा भावना आरम्भ करने के लिए योगी को सर्वप्रथम मैत्री, करुणा, मुदिता भावना से तृतीय ध्यान एवं चतुर्थ ध्यान को करना चाहिए। उनको मैत्री, करुणा और मुदिता भावनाओं का वृहत् दर्शन करना होगा। इन सभी ध्यान का प्राणियों के सुखविहार से सम्बन्ध है क्योंकि ये सभी ध्यान "वे सब सुखी हों" इसी इच्छा को प्रदर्शित करते हैं और मानसिक असंतोष एवं उसकी स्वीकृति के आस-पास होते है। इसके अतिरिक्त वे निरपेक्ष व्यक्ति को निरपेक्ष प्रकार से निमित्त या आलम्बन बना कर उपेक्षा उत्पन्न करते हैं। इसके बाद उन्हें एक प्रिय व्यक्ति, एक

शत्रु एवं स्वयं के प्रति (इनको निमित्त रूप में ग्रहण करना चाहिए) उपेक्षा भावना करनी चाहिए। किस प्रकार से योगी उपेक्षा उत्पन्न कर भावना करें? - प्रिय भी नहीं, अप्रिय भी नहीं, इस प्रकार एक व्यक्ति को देखकर जो उपेक्षा का अनुभव हो उसे क्रम से सर्वभूतों के लिए उपेक्षा का विस्तार करते हैं।

योगी निरपेक्ष रूप से व्यक्ति के प्रति पूर्ववर्णित प्रकार से उपेक्षा उत्पन्न करते हैं। उसके पश्चात् वही उपेक्षा निरपेक्ष व्यक्ति का अतिक्रम कर क्रमान्तर से उस व्यक्ति के मध्य विस्तार करती है (प्रियजन, शत्रु एवं स्वयं के प्रति)। इसी उपेक्षा ध्यान के निमित्त उसका अनुशीलन, वृद्धि एवं बार-बार अनुशीलन करना पड़ता हैं।

इस प्रकार उपेक्षा करने से चतुर्थ ध्यान का लाभ होता है। पहली तीन अप्रमेय भावना (चार प्रकार की) तृतीय या पाँच प्रकार के चतुर्थ ध्यान की प्राप्ति, चतुर्थ या पंचम ध्यान की प्राप्ति होती है क्योंकि इस भावना के निमित्त (उपेक्षा) सभी भावना के निमित्त हैं।

इस प्रकार मैत्री भावना में वर्णित उपेक्षा सभी ओर, सर्वभूतों के लिए, विश्वव्यापी प्रसार करना चाहिए।

विशेष ज्ञान प्राप्ति के लिए भावना

संज्ञा :- हमारे भक्ष्य द्रवों की परिणति घृणा से संबंधित विषय जो भावना ज्ञान कराती है वह संज्ञा भावना कहलाती है।

व्यवस्थान :- शरीर में कठिन, तरल, द्रव और वायवीय चार धातुओं से भावना करना व्यवस्थान भावना है। यह शरीर जिस अवस्था में भी क्यों न रहे, इन धातुओं को अपने स्वभाव के अनुसार पर्यवेक्षण करना पड़ता है। जिस प्रकार शरीर के केशादि में बीस कठिन पदार्थ है, पित्त इत्यादि बारह तरल पदार्थ हैं, निश्वास-प्रश्वास, कोष्ठों में वायु आदि वायवीय पदार्थ एवं शरीर या ताप आदि का तेज शरीर में विद्यमान रहते हैं। इस प्रकार मानसिक चक्षुओं द्वारा शरीर को चार धातुओं में विभक्त कर प्रत्यवेक्षण करना चाहिए- "धातुओं के आकार से काया का विचार करना।" जिस प्रकार कसाई वधित पक्षी को क्षत करता है उसी प्रकार

मानसिक चक्षुओं की कल्पना कर शरीर को अपने चार धातुओं में विभक्त कर देखना चाहिए। तभी मैं या अहं की धारणा का विलोप होगा। इस भावना से रूपस्कन्धों का अनात्मज्ञान होता है।

चार अरूपवचन ध्यान :- चार प्रकार के चतुर्थ ध्यान या पाँच प्रकार के पंचम ध्यान की प्राप्ति करने के उपरांत योगी इस प्रकार की भावना कर सकता है अर्थात् शमथ ध्यान द्वारा उक्त स्तर की प्राप्ति के पश्चात् योगी अरूप भावना करने की योग्यता प्राप्त करता है।

योगी को आकाश में दूसरे किसी कृत्स्न में न होकर चित्त को मुक्त कर "आकाश-अनन्त" "आकाश-अनन्त" इस प्रकार जप करते-करते परिकर्म भावना करनी चाहिए। इस प्रकार के जप से भावना की क्रमशः उन्नति होने से योगी में पहले अरूप ध्यान अर्पण की उत्पत्ति होती है। (आकाशनन्तायतन भावना)

इसके पश्चात् योगी "विज्ञान-अनन्त" विज्ञान-अनन्त जय करते-करते अरूप विज्ञान का अवलम्बन कर परिकर्म भावना करता है और उसे द्वितीय अरूप ध्यान की उत्पत्ति होती है। (विज्ञानानन्तायन भावना)।

उसके पश्चात् "अरूप-विज्ञान विद्यमान नहीं है," "कुछ भी विद्यमान नहीं हैं," "कुछ भी विद्यमान नहीं है" जप करते-करते योगी जब भावना करते है तब उसे तृतीय अरूपध्यान की भावना होती है। (आकिंचनायतन ध्यान)।"

इसके पश्चात् योगी को "यह शांत है" "यह उत्तम है" जप करते-करते तृतीय अरूप ध्यान चित्त का अवलम्बन कर परिकर्म भावना करनी चाहिए, तब उसे चतुर्थ अरूप ध्यान की प्राप्ति होती है। (नेव संज्ञा नामसंज्ञायतन भावना)।

संक्षेप में शमथ कर्मस्थान भावना

1) **छह चरित्र** :- मनुष्य का चरित्र छः प्रकार का है जैसे-राग, द्वेष, मोह, श्रद्धा, बुद्धि, वितर्क चरित्र।

2) **तीन प्रकार की भावना** :- परिकर्म भावना, उपचार भावना, अर्पणा भावना।

3) **तीन प्रकार के निमित्त** :- परिकर्म निमित्त, उदग्रह निमित्त, प्रतिभाग निमित्त।

4) **कर्मस्थान की उपयोगिता** :- दश अशुभ और कायगतानुस्मृति राग चरित्र के पक्ष में, चार वर्ण कृतस्न एवं चार अप्रमेय द्वेष चरित्र के रूप में, बुद्धानुस्मृति आदि छह अनुस्मृति श्रद्धा चरित्र के अनुकूल हैं। अवशिष्ट कर्मस्थल सभी रूप में उपयोगी हैं।

5) **ध्यान में मानसिक उत्कर्षता का स्तर** :- चालीस प्रकार के कर्मस्थान भावनाओं द्वारा परिकर्म भावना प्राप्त होती है। बुद्धानुस्मृति से मरणानुस्मृति पर्यन्त आठ अनुस्मृति भावना, आहार की अशुभ संज्ञा (एक संज्ञा) और चार धातु व्यवस्थापन भावना से केवल अपचार समाधि प्राप्त होती है। इनके द्वारा अर्पणा समाधि की प्राप्ति नहीं होती। तीस कर्मस्थान में अर्पणा भावना या समाधि की प्राप्ति होती है।

दश कृतस्न और अनापान स्मृति भावना द्वारा पंचम ध्यान की प्राप्ति होती है। दश अशुभ और कायगता स्मृति कर्मस्थान द्वारा प्रथम ध्यान की प्राप्ति होती है। मैत्री, करुणा, मुदिता भावना से चतुर्थ ध्यान की प्राप्ति होती है। उपेक्षा भावना से पंचम ध्यान की प्राप्ति होती है। छब्बीस प्रकार के ये कर्मस्थान रूपलोक का ध्यान उत्पन्न करते हैं।

चार अरूप ध्यान अरूपलोक का ध्यान उत्पन्न करते हैं।

6) **दश प्रकार की बाधा** :- योगी को दस प्रकार की बाधा से मुक्त हो ध्यान करना चाहिए जैसे (1) विपदसंकुल निवासगृह (2) परिवार और आत्मीयवर्ग (3) शुभ-सत्कार (4) छात्र (5) नवगृह निर्माण कर्म (6) पथ श्रमण (7) विहार में आवासीय लोग (8) रोग (9) ग्रंथ (10) वृद्धि।

7) **भावना स्थान** :- योगी को उक्त बाधा-समूहों से विमुक्त होकर निर्जन स्थान में, एकाग्र अपनी समृति को कर, मेरूदण्ड को सीधा करके पद्मासन या सुखासन की मुद्रा में ध्यान की प्रक्रिया आरम्भ करनी चाहिए।

भावना – पद्धति

दस कृतस्न : दस प्रकार के कृतस्न कर्मस्थानों में जो "पृथ्वी कृतस्न" की भावना करते हैं वे निर्दिष्ट स्थान भूमि पर या मृत्तिका मण्डल पर दृष्टि को स्थिर रखकर "पृथ्वी" "पृथ्वी" का जप करते है। कुछ समय या कुछ दिनों तक इसी प्रकार की भावना करने से वह भूमि या मृत्तिका मण्डल में मानस चक्षुओं से वास्तविक चक्षु से जिस प्रकार दिखता है वैसा ही देखता है। इस प्रकार के निमित्त को उदग्रह निमित्त कहा जाता है एवं इस के पर्याय को भावना का परिक्रम कहा जाता है। इस उद्ग्रह निमित्त से चित्त से एकाग्र हो जाता है। योगी किसी भी स्थान पर उपविष्ट हो जाता है और वह बैठकर या खड़े होकर किसी भी स्थिति में भावना करने में सक्षम होता है। योगी तब "उद्ग्रह निमित्त से "पृथ्वी" "पृथ्वी" या "भूमि, भूमि" कहकर मन-ही-मन जप करता हुआ भावना करता है। इस समय शब्द मानो उच्चरित नहीं होते।

इस प्रकार की भावना करने से मन निमित्त विषय को छोड़ अन्य विषयों को भी सुन सकता हैं जैसे (1) मन अपनी इच्छानुसार प्रिय और मन के अनुरूप विषय सोच सकता है। इसी को "कामच्छन्दनिवरण" कहते हैं। (2) मन-हताशा एवं क्रोध से संबंधित विषयों के प्रति आकृष्ट हो सकता है - इसी को "व्यापाद नीवरण" कहते हैं। (3) मन आलस्य से भर अकर्मण्य हो तमस से भर सकता है जिसे "स्त्यान-सिद्ध नीवरण" कहते हैं। (4) अतीत में होने वाले काय और वाक् द्वारा दिये गये अकुशल कर्मों का स्मरण कर मन अशान्त चंचल और उद्ग्रीव हो सकता है- इस को "उध्वत्व कौकृत्य नीवरण" कहते हैं। (5) भावना या ध्यान के विषय में संदेह उत्पन्न हो सकता है, जैसे "क्या मैं सटीक ध्यान पथ पर चला हूँ अथवा यह ध्यान उत्तमार्थ फल प्रदान करेगा या सफल प्राप्ति की कोई सम्भावना है इत्यादि। इसको "संदेह नीवरण" कहते हैं। ये ही पंच नीवरण हैं।

इन सभी नीवरणों को मन में धारण कर मन को उद्ग्रह निमित्त में एकाग्र कर "पृथ्वी, पृथ्वी" का मन ही मन जप करना चाहिए। इस प्रकार बार-बार करने से मन स्थिरता प्राप्त करता है।

उद्ग्रह निमित्त पर मन को एकाग्र कर कुछ दिन भावना करने से वह अत्यंत उज्ज्वल एवं स्फटिक के सदृश स्वच्छ आकार धारण करता है एवं पूर्व और वर्तमान का आकार समाप्त हो जाता है। इस को प्रतिभाग निमित्त कहते है। इसी स्थिति में चित्त नीवरण शून्य होता है। चित्त भी प्रतिभाग निमित्त में स्थिर होकर प्रतिभाग निमित्त के लिए निर्दिष्ट होता है। तत्पर चित्त इस अवस्था में पहुँच जाता है और अनुभव होता है कि चित्त मानो प्रसन्नता या आनन्द में निमग्न हो स्थिर है। चित्त में इस प्रकार की स्थिरता एवं अटल भाव को अर्पण समाधि कहा जाता है।

अर्पण समाधि चार प्रकार की है। जैसे : प्रथम ध्यान, द्वितीय ध्यान, तृतीय ध्यान एवं चतुर्थ ध्यान।

प्रथम ध्यान के पाँच अंग हैं- वितर्क, विचार, प्रीति, सुख और समाधि।

जिसने प्रथम ध्यान प्राप्त कर लिया है वे प्रथम ध्यान के दो अंगों वितर्क और विचार से यदि संतुष्ट नहीं होते तब तक इस भावना को करते रहें। इसी प्रकार प्रीति, सुख और समाधि से समन्वित द्वितीय ध्यान की ओर प्रविष्ट होना चाहिए।

अब योगी प्रीति के दोषों का दर्शन कर या उससे संतुष्ट न हो उसका अतिक्रमण करने के लिए अग्रसर होता है। इस भावना में अग्रसर होकर पहले वे सुख और समाधि से समन्वित तृतीय ध्यान में उत्तीर्ण होते हैं। इस स्थिति में चित्त प्रशान्त और सुस्थिर होता है।

अब योगी इस "सुख" से परितृप्त न हो उसका अतिक्रमण कर उसमें और भी गंभीर भाव से प्रवृत्त होता है। उस समय हर्ष-विषाद तिरोहित कर उपेक्षा स्मृति से परिशुद्ध हो चतुर्थ ध्यान में पदार्पण करता है। इस स्थिति में चित्त उपेक्षा (निरपेक्षता) एवं एकाग्रता की (समाधि) अभिव्यक्ति करता है।

यह पृथ्वी कृतस्न (मण्डल) भावना का संक्षिप्त विवरण है एवं चतुर्थ ध्यान को प्राप्त करता है। अन्य कृतस्न भावना के अनुरूप यही पद्धति अनुसरणीय हैं।

अशुभ कर्मस्थान भावना

दस प्रकार के अशुभ :- जो अशुभ भावना करना चाहते हैं उन्हें मृत देह उर्ध्वस्फीत आदि दस प्रकार की अवस्थाओं में से किसी एक दृष्टि में निबद्ध हो "उर्ध्वस्फीत, उर्ध्वस्फीत" या "विनीलक, विनीलक" या "पूयपूर्ण, पूयपूर्ण" कहकर मन ही मन (बिना कोई शब्द करें) जप करना पड़ता है। इसके पश्चात् पृथ्वी कृतस्न भावना करनी चाहिए। कृतस्न भावना एवं अशुभ भावनाओं के बीच अन्तर होने पर भी कृतस्न भावना चतुर्थ ध्यान का प्राप्त करते हैं एवं अशुभ भावना से केवल प्रथम ध्यान की प्राप्ति होती है। अन्य अशुभ भावना की पद्धतियाँ भी एक ही प्रकार की हैं।

अनुस्मृति कर्मस्थान भावना

अनुस्मृति भावनाओं से "कायगतानुस्मृति" प्रथम ध्यान की ही प्राप्ति होती है। बुद्धानुस्मृति से आरंभ कर उपशमानुस्मृति भावना एवं त्यागानुस्मृति भावना, आहार में प्रतिकूल संज्ञा (एक संज्ञा) एवं चतुर्धातु व्यवस्थान (एक व्यवस्थान) भावना में केवल उपचार समाधि की प्राप्ति होती है। अनापान भावना में चतुर्थ ध्यान की प्राप्ति होती हैं।

ब्रह्मविहार भावना :- यह विषय पूर्व में वर्णित हो चुका है। प्रथम तीन ब्रह्मविहार भावना से तृतीय ध्यान की प्राप्ति होती हैं एवं उपेक्षा भावना से चतुर्थ ध्यान की प्राप्ति होती हैं।

अरूप कर्मस्थान भावना :- इस विषय में भी पूर्व में विस्तृत रूप से वर्णन किया जा चुका है।

प्रतिसन्धि (पुनर्जन्म) कहाँ होती हैं?

प्रतिसन्धि चार भूमियों में समाहित है। जैसे : अरुप भूमि, 16 रूप भूमि, 7 काम-सुगति भूमि एवं 4 उपाय भूमि। कुशल-अकुशल कर्म के प्रभाव से सत्वगण (जीव) इन सभी भूमियों से प्रतिसन्धि ग्रहण करते हैं (जन्म लेना या उत्पन्न होना)। इस प्रसंग में 4 भूमियाँ आती हैं।

इकतिस लोक या भूमि

4 अरूप ब्रह्मभूमि

चतुर्थ अरूप ध्यानभूमि : नेवसंज्ञानासंज्ञायतन - आयु 84,000 कल्प

तृतीय अरूपध्यानभूमि : आकिंचनायतन - आयु 60,000 कल्प

द्वितीय अरूपध्यानभूमि : विज्ञानायतन - आयु 40,000 कल्प

प्रथम अरूपध्यानभूमि : आकाशनन्तायन - आयु 20,000 कल्प

16 रूप ब्रह्मभूमि

प्रथम ध्यान भूमि

ब्रह्मपरिषद्	ब्रह्म पुरोहित	महाब्रह्मा
आयु $\frac{1}{3}$ कल्प	$\frac{1}{2}$ कल्प	1 कल्प

द्वितीय ध्यानभूमि

परित्ताभ	अप्रमाणाभ	आभम्भर
आयु - 2 कल्प	आयु - 4 कल्प	आयु - 8 कल्प

तृतीय ध्यानभूमि

पारत्तशुभ	अप्रमाणशुभ	शुभाकीर्ण
आयु - 16 कल्प	आयु - 32 कल्प	आयु - 64 कल्प

चतुर्थ ध्यानभूमि

वृहत्फल	असंज्ञतत्व
आयु - 500 कल्प	आयु - 500 कल्प

शुद्धवास : चतुर्थ ध्यानभूमि

अवृहा	अतपु	सुदर्शन	सुदर्शी	एकनिष्ठ
आयु 1000 कल्प	2000 कल्प	4000 कल्प	8000 कल्प	16000 कल्प

7 काम-स्वर्गातभूमि

मनुष्यभूमि	चर्तुमहारजिकी	एयासंश	याम

आयु 100 वर्ष   30 लाख वर्ष   3 करोड़ 50 लाख वर्ष   14 करोड़ 40 लाख वर्ष

तुषृति	निर्माणरात	पारनिर्मित वशवर्ती
आयु 51 करोड़ 60 लाख वर्ष	230 करोड़ 40 लाख वर्ष	921 हजार करोड़ 60 लाख वर्ष

4 अपाय भूमि

निरय   तिर्यक   प्रेत   असुर

4 + 16 + 7 + 4 = 31 ये इकत्तीस जीव लोक एक चक्रवाल होते हैं। भगवान बुद्ध ने रूप के असंख्य चक्रवालों का उल्लेख किया है। जीवगण इन्हीं चक्रवालों के जन्म-मृत्यु के आवर्तन-विवर्तन के चक्कर में घूमते रहते हैं। इस प्रकार दु:खमय जन्मचक्र के चक्कर के बाद निर्वाण प्राप्ति होती हैं।

अपायभूमि या नरकलोक दु:ख की भूमि है। अकुशल कर्मो के प्रभाव से जीवगण उत्पन्न होते हैं। मनुष्यभूमि सुखमय और दु:खमय दोनों का मार्ग हैं। कुशल-अकुशल दोनों ही कर्मों के प्रभाव से भोग करते हैं। कुशल कर्मों के प्रभाव से सुख भोग एवं अकुशल कर्मों के प्रभाव से दु:ख भोग होता है। रूपब्रह्मगण अपने-अपने ध्यान करने के अनुरूप क्रमिक स्तर पर ध्यान सुख का उपभोग करते हैं। शुद्धावास ब्रह्मभूमि में अन्य जीवगण उत्पन्न होते हैं। अरूप ब्रह्मगण उपेक्षा चेतना में अवस्थित होते हैं। उनका सभी स्तरों पर निर्दिष्ट आयुष्काल तक अवस्थान होता है। मनुष्यलोक की आयु साधारणत: एक सौ वर्ष मानी गई है। उपरोक्त सभी स्तर के जीव जन्म-मृत्यु के अधीन होते हैं। रूप और अरूप दोनों प्रकार से ही विमुक्ति की स्थिति नहीं है बल्कि यह लम्बे समय का आश्रय मात्र हैं। आयु समाप्त होने पर वहाँ से भी विच्युत होना पड़ता हैं।

साधारण विज्ञान-चेतना से युक्त मनुष्य इन सब विषयों पर अविश्वास करता है। क्योंकि विज्ञान ने अभी तक उसका आविष्कार नहीं किया है। वैज्ञानिकों का उत्कर्ष यंत्रों के आविष्कार तक ही है। विज्ञान यंत्रों में मन नहीं है, चिन्तन नहीं है, अत: चित्त की उत्कर्षता नहीं है। अतएव लोक या जीवेतर विज्ञान का यंत्रों द्वारा आविष्कृत करना उसके बाहर का विषय है। मन-विज्ञान की उत्कर्षता या ध्यान-विज्ञान एवं शक्ति द्वारा इन

सभी जीवेतर विषयों को जानना सम्भव हो सकता है। संदेहयुक्त व्यक्तियों से कहा जा सकता है- आइए, ध्यान चर्चा करिए, परीक्षण, निरीक्षण कर इसकी सत्यता की जाँच कर सत्य की उपलब्धि करें।

विदर्शन भावना

(दु:ख - विमुक्ति साधना)

जो साधना चित्त के क्लेशों का विनाश करती है वह विदर्शन साधना या भावना है

सतिपट्ठान सूक्त

एक समय भगवान ने कुरुराज्य के कम्मासधम्म नामक कुरुनिगम नामक नगर में विश्राम किया। वहाँ भगवान भिक्षुसंघ को सम्बोधित कर कहते हैं -जीवगणों कों विशुद्धि प्राप्ति, शोक-परिताप का अतिक्रमण, दु:ख-दौर्मनस्य दूर होना और निर्वाण प्राप्त करने के लिए स्मृतिप्रस्थान ही एकायनमार्ग (एकमात्र पथ) है। वह एकायनमार्ग क्या हैं? वे हैं चार स्मृतिप्रस्थान।

चार स्मृतिप्रस्थान क्या हैं?

अविद्या (परश्रीकातराता), दौर्मनस्य को उपशान्त कर भिक्षु काय में कायानुदर्शी, वेदना में वेदानुदर्शी और धर्म में धर्मानुदर्शी होता है।

भिक्षु किस प्रकार कायानुदर्शी होते हैं और स्मृतिमान किस प्रकार अवस्थित होते हैं?

भिक्षु जंगल में वृक्ष के नीचे या निर्जन गृह में जाकर पद्मासन मुद्रा में बैठ, देह के अग्रभाग को सीधाकर अपने विषय (कर्मस्थान के) के प्रति स्मृति उत्पन्न कर उपवेशन करता है। लम्बी श्वास ले कर लम्बी श्वास को ग्रहण करता है, हल्की श्वास लेकर हल्की श्वास ग्रहण करनी चाहिए। वे सर्वकाय-प्रतिसंवेदी या सर्वदेह में अनुभूत हो कर श्वास लेते हैं, निश्वास छोड़ने की शिक्षा प्राप्त करनी चाहिए। सुदक्ष साधक श्वास को लम्बे समय तक दबा कर रखने पर, लम्बे समय तक जोर दे रहा हूँ, ऐसा जानना चाहिए। उसी के अनुरूप अपनी देह में कायानुदर्शी हो

अवस्थित होता है, बर्हिकाय में कायानुदर्शी हो अवस्थित होता है, दोनों ही धर्मों को अनुदर्शी, व्यय धर्मानुदर्शी, दोनों व्ययधर्मानुदर्शी हो काय में अवस्थित होता है। "काय है" केवल इसी ज्ञान या स्मृति के बीच रहना, वे अनासक्त भाव से रहते हैं, जागतिक वस्तुओं में आसक्ति नहीं रखना चाहिए। इस प्रकार भिक्षु काय से कायानुदर्शी होने पर स्मृतिमान हो अवस्थित रहता है।

पुनः भिक्षु गमन करने से गमन करते हैं। विश्राम करने से विश्राम करते है, उपविष्ट होने से उपविष्ट हुए हैं, उपविष्ट होने से उपविष्ट होते हैं, शायित होने पर शायित होते हैं, जिस स्थिति में रहते हैं ऐसा जाना जाता है। वे इस रूप में निजकाय, बर्हिकाय, अर्न्तबर्हिकाय में कायानुदर्शी होकर विचरण करते हैं। "यह काय मात्र है" इसी ज्ञान या स्मृति को स्थित करते हैं, अनासक्त भाव से अवस्थित कर जागतिक वस्तुओं के प्रति किसी भी प्रकार की आसक्ति उत्पन्न नहीं करते हैं। इस प्रकार भिक्षु काय से कायानुदर्शी हो स्मृतिमान हो अवस्थित होते हैं।

पुनः भिक्षु अभिगमन में, प्रत्यागमन में, सम्मुख या पश्चात्‌गमन में, दर्शन में (अवलोकन में), चक्षु निमिलन में, देह संचालन में - प्रसारण में, पात्र-चीवन धारण में, भोजन में, ग्रहण में, मलमूत्र त्याग में, गति में, स्थिति में, उपवेशन में, जागरण में, भाषण में, नीरवता की स्मृति में संप्रयुक्त हो अनुशीलन करता है। इसी प्रकार ही वे निजकाय में, बर्हिकाय में, अर्न्तबर्हिकाय में.... स्मृतिमान हो अवस्थान करते है (अवहित चित्त से उसका संपादन करते है)।

पुनः भिक्षु संपूर्ण देह से त्वचावृत नाना प्रकार के अशुद्ध पदार्थों का पर्यवेक्षण करते हैं, अर्थात् दुर्गन्धमय पदार्थों का दर्शन करते हैं। जैसे : केश, लोम, नख, दन्त, त्वक, मांस, स्नायु, अस्थि, मज्जा वृक्क (मूत्राशय), हतपिण्ड, यकुत, क्लोम, प्लीहा, फुसफुस, अन्य अन्त्रगुन उदरस्त वस्तु, विष्ठा, मगज, पित्त, श्लेष्मा, मवाद, रक्त, स्वेद, मेद, अश्रु, चर्बी, लार, सिकनि, ग्रंथितेल, मूत्र इत्यादि अशुचि पदार्थों का दर्शन करते हैं। चक्षुष्मान व्यक्ति जिस प्रकार पात्र में शाली, मूंग, भाव, तिल, तत्तुलादि को प्रत्यक्ष रूप से देखते हैं, उसी प्रकार भिक्षु देहस्थ त्वकावृत नाना

प्रकार के अशुचि पदार्थों का पर्यवेक्षण (दर्शन) करते हैं। इसी प्रकार वे निजकाय में, बर्हिकाय में, अन्तर्बर्हिकाय में... स्मृतिमान हो अवस्थान करते हैं।

पुनः भिक्षु श्मशान में एक, दो-तीन दिन पूर्व परित्यक्त हो स्फीत, विवर्ण, मवाद पूर्ण शवों को देख कर स्वयं ज्ञान करता है और अपने देह के इस रूप का दर्शन करते हैं। काक, गृध, कुत्ता, श्रृगाल, दस, विविध कीट आदि से परिपूर्ण मृतदेह की स्थिति देखकर देह अनित्य का पर्यवेक्षण करते हैं। मृतदेह में स्नायुबद्ध रक्तमांस से युक्त, स्नायुबद्ध, मांसहीन, रक्तरंजित, स्नायुबद्ध रक्तमांसहीन अस्थिकंकाल, स्नायुहीन चारों ओर विक्षिप्त अस्थिपंजर, विक्षिप्त देह, अस्थितदन्त, बाहु अस्थि, उरुअस्थि, वक्षपंजर, पृष्ठास्थि, सिर का खोल इत्यादि विभिन्न स्थितियों का पर्यवेक्षण करते हैं। और सबसे अंत में अस्थियों का श्वेतवर्ण, वर्याहत, तापदग्ध, चूर्णीकृत स्थिति का पर्यवेक्षण करते हैं। इस प्रकार भिक्षु निजकाय में, बर्हिकाय में, अन्तर्बहिकाय में, काया में कायानुदर्शी होकर स्मृतिमान हो विहार करता है। काय के उदयधर्म, व्ययधर्म, उदय व्यय धर्म का दर्शन कर अवस्थित करते हैं। "यह काय मात्र है" ज्ञान या स्मृति में इसे अवस्थित करते हैं और अनासक्त भाव से अवस्थित होते हैं। किसी विषय में जागतिक आसक्ति उत्पन्न नहीं करते। इस प्रकार भिक्षु काया में कायानुदर्शी होता है, स्मृतिमान हो अवस्थित होते हैं।

वेदनानुदर्शन

भिक्षु किस प्रकार से वेदना में वेदनानुदर्शी होकर स्मृतिमान हो अवस्थित होते हैं? भिक्षु सुख वेदना के समय सुख वेदना का अनुभव करते हैं, दुःख वेदना के समय दुःखवेदना का अनुभव करते हैं, न दुःख न सुखवेदना (सुख भी नहीं दुःख भी नहीं इस रूप की वेदना) के समय में न - दुःख न-सुख वेदना का अनुभव करते हैं, सामिष-सुखवेदना (भोग, षड् इंद्रियों की सुख वेदना) अनुभव के समय सामिष सुखवेदना का अनुभव करते हैं, निरामिष-सुखवेदना (त्याग वैराग्य) के समय निरामिष सुखवेदना का अनुभव करते हैं, समाषि-दुःखवेदना के समय सामिष दुःखवेदना का अनुभव करते हैं, निरामिष दुःखवेदना के समय

निरामिष दुःखवेदना का अनुभव करते हैं, सामिष न - दुःख न-सुखवेदना के अनुभव के समय में सामिष न-दुःख-न-सुख वेदना का अनुभव करते हैं- यह प्रकृत रूप से जानते हैं। इस प्रकार वे निजवेदना, बर्हिवेदना (अपर) अन्तर्बहिवेदना विषय (निज की और दूसरे की वेदना), वेदना के उदय धर्म, व्ययधर्म, उदय-व्ययधर्म का अनुदर्शन कर अवस्थित होते हैं। "यह वेदना मात्र है" इस ज्ञान या स्मृति को उत्पन्न कर अवस्थित होते हैं। वे अनासक्त (तृष्णा-दृष्टि रहित) हो अवस्थित होते हैं, जागतिक किसी भी विषय में आसक्ति उत्पन्न नहीं करते। (स्कन्धलोक में मैं या हमारा कुछ भी नहीं होता)। इस रूप में भिक्षु वेदना में वेदनानुदर्शी हो स्मृतिमान हो अवस्थित होता है।

चित्तानुदर्शन

भिक्षु किस प्रकार चित्त में चित्तानुदर्शी हो, स्मृतिमान हो अवस्थित होते हैं?

पुनः भिक्षु सरागचित्त को सरागचित्त (तृष्णायुक्त चित्त), वीतरागचित्त को वितरागचित्त, सद्वेषचित्त को सद्वेषचित्त, वीतद्वेषचित्त को वीतद्वेषचित्त, समोहचित्त को समोहचित्त, वीतमोहचित्त को वीतमोहचित्त, संक्षिप्त चित्त को संक्षिप्त चित्त, विक्षिप्त चित्त को विक्षिप्त चित्त, महद्गतचित्त को महद्गतचित्त (रूपावचार चित्त), अमहद्गतचित्त को अमहद्गतचित्त, स-उत्तर चित्त को स-उत्तर चित्त (लौकिक चित्त) अनुत्तर चित्त को अनुत्तर चित्त, समाहित चित्त को समाहित चित्त, असमाहितचित्त को असमाहित, विमुक्तिचित्त को विमुक्तचित्त, अविमुक्तचित्त को अविमुक्तचित्त के रूप में प्रकृत प्रकार से जानते हैं। इस प्रकार वे निज चित्त में, बर्हिचित्त में, अन्तर्बहिचित्त में चित्तानुदर्शी हो, स्मृतिमान हो अवस्थित होते हैं। चित्त का उदयधर्म, व्यय धर्म, उदय-व्यय धर्म का अनुदर्शन कर अवस्थित होते हैं। "यह चित्त मात्र है" इस ज्ञान या स्मृति को उत्पन्न कर विचरण करते हैं। वे अनासक्त हो उनमें अवस्थित होते हैं, जागतिक किसी भी प्रकार के विषयों के प्रति आसक्ति उत्पन्न नहीं करते। इस प्रकार भिक्षु चित्त में चित्तानुदर्शी हो स्मृतिमान हो विचरण करता है।

धर्मानुदर्शन

भिक्षु धर्म में किस प्रकार धर्मानुदर्शी होता है, स्मृतिमान होकर विहार करता हैं?

भिक्षु पंचनीवरण (चित्तमल) विषयों में धर्मानुदर्शी हो अवस्थित होते हैं। वे अंतर में काम्च्छन्द (षट् इंद्रियग्राह्य वस्तुओं की कामना) होने पर कामच्छन्द हो, न होने पर न हो, अनुत्पन्न कामाच्छन्द अनुत्पन्न हो, उत्पन्न कामच्छन्द प्रहीण हो, भविष्य में कामच्छन्द की अनुत्पत्ति हो- ऐसा प्रकृत रूप से जाने। वे व्यापाद (हिंसा), स्त्यानमिद्ध (देह मन का आलस्य), उद्धत्य-कृकृत्य विचिकित्सा (सन्देह) विषयों का भी उसी प्रकार ज्ञान होता है। इस प्रकार वे निजधर्म में, बर्हिधर्म में धर्मानुदर्शी हो अवस्थान करते हैं। नीवरण का उदय, व्यय, उदय-व्यय धर्म का अनुदर्शन कर अवस्थान करते हैं। "ये धर्म समूह मात्र हैं" इस ज्ञान या स्मृति को उत्पन्न कर अवस्थान करते हैं। वे अनासक्त हो जागतिक किसी भी विषय में आसक्ति उत्पन्न नहीं करते। वे इस प्रकार पंचनीवरण में धर्मानुदर्शी हो अवस्थान करते हैं।

पुनः भिक्षु पंच-उपादान स्कन्ध विषयों में धर्मानुदर्शी हो अवस्थित होते है। वे इसके रूप को जानते हैं, इस प्रकार रूप का उदय होता है। वेदना, संज्ञा, संस्कार, विज्ञान के संबंध में वे उसी के अनुरूप ज्ञान प्राप्त करते हैं। इस प्रकार वे निजधर्म में, बर्हिधर्म में, अन्तर्बर्हिधर्म में धर्मानुदर्शी हो अवस्थान करते है। वे पंच उपादानों स्कन्ध के उदय, व्यय, उदय-व्यय धर्म में धर्मानुदर्शी हो अवस्थान करते हैं। "धर्मसमूह मात्र ही है" इसी स्मृति को उत्पन्न कर अवस्थान करते हैं। वे अनासक्त हो अवस्थान करते हैं, जागतिक किसी भी विषय में आसक्ति उत्पन्न नहीं करते। इस प्रकार भिक्षु पंच-उपादान स्कंध में धर्मानुदर्शी हो अवस्थान करते हैं।

पुनः भिक्षु छह अभ्यन्तर आयतन (चक्षु, कर्ण, नासिका, जिह्वा, काय, मन) और छह बहिरायतन (रूप, शब्द, गन्ध, रस, स्पर्श, भाव) विषयों में धर्मानुदर्शी होकर अवस्थान करते हैं। वे चक्षु क्या है, रूप क्या है, उसके फलस्वरूप जो संयोजन उत्पन्न होता है, जिस प्रकार संयोजन

उत्पन्न नहीं होता है, जिस प्रकार उत्पन्न संयोजन प्रहीण होता है, भविष्य में भी संयोजन और उत्पन्न नहीं होता है- उसे प्रकृत रूप से जानते हैं। कर्ण और शब्द, नासिका और गन्ध, जिह्वा और स्वाद (रस), काय और स्पर्श, मन और धर्म (भाव) विषयों में भी उसके अनुरूप जानते है। इस प्रकार वे निज धर्म में, बर्हिधर्म में, अन्तबर्हिधर्म में धर्मानुदर्शी हो स्मृतिमान हो अवस्थान करते हैं। वे षडायतन में अर्थात् चक्षु आदि छह इंद्रियों के उदय, व्यय, उदय-व्यय-धर्मों में धर्मानुदर्शी हो अवस्थान करते है। "ये धर्मसमूह मात्र है" इस स्मृति में अवस्थित करते हैं। उनका यही उत्तरोत्तर ज्ञान स्मृति का कारण होता है। वे अनासक्त हो जागतिक विषयों में आसक्ति उत्पन्न नहीं करते। इस प्रकार भिक्षु अभ्यंतर और बहिरायतन विषयों में धर्मानुदर्शी हो अवस्थान करते हैं।

पुनः भिक्षु संबोधि धर्म में धर्मानुदर्शी हो अवस्थान करते हैं। वे दु:ख, दु:ख के उदय, दु:ख के निरोध, दु:खनिरोधगामी मार्ग को भलिप्रकार से जानते हैं। वे निजधर्म में, बर्हिधर्म में, अन्तर्बहिधर्म में धर्मानुदर्शी हो अवस्थान करते हैं। वे चतुरार्यसत्व के उदय, व्यय, उदय-व्यय धर्म में धर्मानुदर्शी हो अवस्थित होते हैं। "धर्मसमूह मात्र ही है" इसी स्मृति को उत्पन्न कर अवस्थान करते हैं। इसी कारण उनके ज्ञान और स्मृति में उत्तरोत्तर वृद्धि होती है। वे अनासक्त हो जागतिक किसी भी विषय में आसक्ति उत्पन्न नहीं करते। इस प्रकार भिक्षु चार आर्यसत्यों में धर्मानुदर्शी हो, स्मृतिमान हो अवस्थान करते हैं।

हे भिक्षुगण! जो भिक्षु सात वत्सरकाल तक चार स्मृति उत्पादन विषयों की भावना करते है, उनको दो फलों में से कोई एक फल निश्चित ही प्राप्त होता है। वह अर्हत्व या अनागामीता होते है। सात वत्सर क्यों, छह-पाँच-चार-तीन-दो-एक वत्सर के बीच में, सप्ताह के बीच चतुर्विध स्मृति-उत्पादन की भावना द्वारा उक्त दो फलों में से कोई एक फल की प्राप्ति संभव हो वे इसी जीवन में अर्हत्व प्राप्ति या अनागामिता को प्राप्त करते हैं।

हे भिक्षुगण! जीवगणों की विशुद्धि का, शोक-परिताप का (क्रन्दन) अतिक्रमण, दु:ख दौर्मनस्य, (शारीरिक दु:ख एवं मानसिक यंत्रणा),

निर्वाण के लिए चतुर्विध स्मृति का उत्पादन करना ही एकमात्र उत्कृष्ट पथ है।

भगवान चार स्मृतिप्रस्थान विषयों में विशद रूप से विवृत हो भिक्षुगणों में आनन्द का प्रकाश करते हैं।

दस संयोजन

संयोजन का अर्थ है बंधन अर्थात् जो जन्म-मृत्यु से बांध कर रखता है। जीवगण दस संयोजनों से संसार को बांध कर रखते हैं। वे इस प्रकार हैं- कामराग (कामलोक के सुख-सम्पदा रूप, शब्द, गंधादि के लिए तृष्णा), रूप राग (रूप (ब्रह्म) भव के लिए तृष्णा), अरूप भव (अरूप (ब्रह्म) भव के लिए तृष्णा), प्रतिध (द्वेष), मेरा का बोध, अन्य के साथ तुलना कर स्वयं को श्रेष्ठ मानना), सत्कायदृष्टि (व्यक्तिगत शाश्वत आत्मा का विश्वास, आत्मवाद), शीलव्रत परामर्श (शारीरिक कृच्छसाधन, याग-यज्ञ-व्रतादि के माध्यम से मुक्ति प्राप्ति का विश्वास), विचिकित्सा (संशय, आर्य-अष्टांगिक मार्ग में संदेह इत्यादि), उद्धत्य (चित्त की उत्क्षेपणता, अस्थितरा), अविद्या (मोह, अज्ञानता, कुप्रज्ञा) सभी अकुशल चित्त के उत्पादक हैं।

उन्हीं में सत्कायदृष्टि, विचिकित्सा, शीलव्रत परामर्श, कामराग, प्रतिध (व्यापाद, द्वेष) किसी अधोभागी का संयोजन कहा जाता है। ये पाँच संयोजन सत्वगणों के नीच जन्म से, दुर्गति से बंधा होता है। रूपराग, अरूपराठा, मान, उद्धत्य और अविद्या इन पाँच को उर्ध्वभागीय संयोजन कहा जाता है। ये लौकिक जन्म की (मनुष्य, देव, रूप और अरूप) सुगति में बंधन डालते है।

संयोजन मुक्ति

स्रोतापन्न की सत्कायदृष्टि, विचिकित्सा, शीलव्रत परामर्श क्षीण होता है। सकृदागामी का कामराग के साथ व्यापाद भी क्षीण होता है। अनागामी का पंच संयोजन या अधोभागी संयोजन संपूर्ण रूप से ध्वंस हो जाता है। अर्हत का दस संयोजन संपूर्ण रूप से निर्मूल होता है। अर्हत्‌गण जाति-जरा-मरण-रहित हो इसी जन्म में परिनिर्वाण प्राप्त करते हैं।

क्या निर्वाण सुख इस जन्म में वेदनीय हैं?

हाँ, निर्वाण सुख इस जन्म में वेदनीय है। प्रत्येक आर्य-पुद्गल स्त्री या पुरुष, उसके उच्चतर मार्ग की प्राप्ति के लिए पूर्व प्राप्त मार्ग पर फलोपभोग करते-करते समय बिताते हैं। इस प्रकार फल भोग का नाम फलसमापत्ति है। इस स्थिति में आर्यगण लोकोत्तर निरोध आलंबन में अवेदनीय शांति सुख निर्वाण का उपभोग करते हैं। लौकिक शमथ ध्यान प्राप्त योगी का चित्त ध्यानावस्था में पंच नीवरण रहित हो ध्यान शमथ मन के अनुरूप लौकिक वेदयित ध्यानसुख का उपभोग करते हैं। लोकोत्तर फल समापत्ति एवं लौकिक ध्यान-समापत्ति के बीच यही पार्थक्य है।

कामराग और प्रतिधमुक्त अनागामी एवं सभी क्लेशों से मुक्त अर्हतगण रूपावचर और अरूपावचर ध्यान में अभ्यस्त होने पर, फल समापत्ति में केवल निर्वाण की उपलब्धि ही शांत नहीं होती है, वे इसी जीवन में निरोध-समापत्ति ध्यान में निमग्न होते हैं। प्रथमतः वे रूपावचर प्रथम ध्यान में निरत होते हैं। उसी ध्यान में निमग्न हो उसी ध्यानचित्त के त्रिलक्षण दस प्रकार के विदर्शन ज्ञान के अनुसार भावना करते हैं। उसके पश्चात् द्वितीय, तृतीय, चतुर्थ एवं अरूप ध्यान के अकिंचनायतन ध्यानचित्त पर्यन्त दस विदर्शन ज्ञान के अनुसार भावना करते हैं। अकिंचनायतन ध्यान जागृत कर वे पुनः दस विदर्शन भावना न कर चार अधिष्ठान की भावना करते हैं। ऐसा होने पर–

1) उनके आवश्यक द्रव्यादि जैसे जल, कीट, चोर, अग्नि इत्यादि द्वारा किसी भी प्रकार से नष्ट न होवें।

2) ध्यान उस समय जागृत हो।

3) बुद्ध या संघ के प्रयोजन से ही ध्यान भंग हो।

4) सात दिनों के बीच उसकी स्वाभाविक मृत्यु होगी कि नहीं, जान पायें।

उसके पश्चात् चतुर्थ अरूपध्यान में पुनः निमग्न हो जावें। इस निरोध समापत्ति ध्यान के समय पहले उनको वाक्क्रिया, बाद में काय

क्रिया, उसके बाद चित्त क्रिया में प्रवृत्त होना चाहिए। अर्थात् वितर्क-विचार, निश्वास-प्रश्वास और संज्ञा-वेदना में निरुद्ध होते हैं। इसी ध्यान के समय पहले चित्त संस्कार, उसके बाद काय संस्कार सबसे अंत में वाक्संस्कार या वितर्क-विचार उत्पन्न होते हैं। इसी निरोध समापत्ति ध्यान के जाग्रत होने तक अनागामी को अनागामी फलचित्त एवं अर्हत को अर्हत्व फल चित्त होता है। बाद में पर्यवेक्षण ज्ञान उत्पन्न होता है। इस ज्ञानोदय काल में अनागामी के चित्त में प्रथम या द्वितीय महाकुशल चित्त एवं अर्हत की यह महाक्रिया चित्त में उत्पन्न होती है। बाद में चित्त का भवांगपात होता है।

फल-समापत्ति और निरोध-समापत्ति में पार्थक्य होता है। फल-समापत्ति से निर्वाण मिलता है एवं निरोध समापत्ति से समस्त चित्त-संस्कार निरुद्ध होते हैं।

संज्ञावेदयित निरोध-समापत्ति या निरोध समापत्ति में निमग्न व्यक्ति मृतवत, शरीर की उष्णता द्वारा जीवन के लक्षण मात्र उजागर करते हैं। जो मृत हैं वे काय-वाक्-चित्त संस्कार (क्रिया) निरुद्ध, स्तब्द्ध, आयु परिक्षण, उष्मा उपशान्त, इंद्रिय क्षीण होते हैं, किन्तु निरोध-समापत्ति में मग्न व्यक्ति के काय-वाक्-चित्त संस्कार के निरुद्ध, स्तब्ध हो सकते हैं उनकी आयु क्षीण नहीं होती, उष्मा उपशान्त नहीं होती, इंद्रिय विप्रसन्न होती है। मृत और निरोध-समापत्ति में निमग्न व्यक्ति में यही पार्थक्य है।

निर्वाण या मोक्ष गुरुकृपा या किसी अलौकिक शक्ति द्वारा नहीं मिलता। वैज्ञानिक जिस प्रकार अपनी गवेषणा द्वारा किसी विषय का आविष्कार करते हैं, उसी प्रकार बौद्ध साधक अपने ध्यान की खोज द्वारा निर्वाण से स्वयं ही प्रत्यक्ष होते हैं, उपभोग करते हैं, भविष्य में जन्मक्षय का दर्शन करते हैं एवं विमुक्त चित्त से सभी दु:खों से विमुक्त हो ज्ञान प्राप्त करते हैं।

❑❑❑

अध्याय–8

प्रव्रज्या

प्रव्रज्या

1. प्रव्रज्या
2. प्रव्रज्या दान का नियम
3. प्रव्रज्या प्रार्थना
4. काषाय वस्त्र दान
5. अशुभ कर्म्मस्थान ग्रहण
6. दशशील
7. वर्तमान चीवर प्रत्यवेक्षण
8. अभिण्हंपच्चवेक्खण (नित्य अनुस्मरणीय)
9. वर्तमान पिस्तुपात प्रत्यवेक्षण
10. वर्तमान शय्यासन प्रत्यवेक्षण
11. वर्तमान गिलान-प्रत्यय प्रत्यवेक्षण
12. अतीत चीवर प्रत्यवेक्षण
13. अतीत पिस्तुपात प्रत्यवेक्षण
14. अतीत शय्यासन प्रत्यवेक्षण
15. अतीत गिलान प्रत्यवेक्षण
16. अतीत प्रत्यवेक्षण चतुष्टय का अर्थ
17. प्रव्रज्या का फल
18. कुमार प्रश्न
19. दशांग-विकल श्रमण बहिष्कार योग्य

प्रव्रज्या

आदिकाल से ही भारत में ऋषि-मुनियों ने वैराग्य को महत्व दिया है और संसार में विभिन्न धर्मो की प्रतिष्ठा कर गये हैं। भगवान् बुद्ध का धर्म सभी धर्मों में अपना आदर्श स्थान रखता है। राजपुत्र होकर भी सत्य की खोज के लिए वे अपने स्वजनों, धन-ऐश्वर्य, और राज्य आदि का त्याग कर घने अंधकार में निकल पड़े थे। उसी महामानव के पदचिह्नों का अनुसरण कर लाखों कुलपुत्र, कुलवधु और कुलकुमारी प्रवज्या के द्वारा मनुष्य जन्म को सार्थक करते हैं।

संसार-बंधन तोड़कर वैराग्य ग्रहण करना ही प्रव्रज्या है। बौद्ध जगत में पुत्र के जन्म के एक सप्ताह बाद भी उसे प्रव्रज्या दान देने की प्रथा प्रचलित है। यह प्रथा बहुत उत्तम है और हर प्रकार से अनुकरणीय है। सदाचार, सद्धर्म शिक्षा और आचरण के द्वारा व्यक्ति प्रव्रज्या द्वारा अपने परवर्ती जीवन को धर्ममय और आदर्श बनाने का प्रयास करता है। जो व्यक्ति संपूर्ण जीवन भर प्रव्रजित होते हैं वे बुद्ध शासन के प्रकृत उत्तराधिकारी होते हैं सामयिक प्रव्रज्या ग्रहण करने वाला एक पुण्यकर्म करता है, प्रत्येक व्यक्ति को अपने जीवन में प्रव्रज्या लेनी उचित है।

इंडोनेशिया, सिंहल, श्याम आदि बौद्ध देशों में माता-पिता थोड़े समय के लिए जैसे एक सप्ताह के लिए अपने पुत्र को प्रव्रज्या अवश्य दिलाते हैं। अपना पुत्र न होने पर अन्य के पुत्र को भी प्रव्रजित करवाकर बुद्धशासन का उत्तराधिकारी बनाने का प्रयास करते हैं किन्तु वर्तमान समय में यह प्रथा कम होती जा रही है। इसके द्वारा केवल व्यक्ति का जीवन ही नहीं, समाज का भी सुधार होता है। मानव जीवन को सार्थक करने का बौद्धों में यह महत्त्वपूर्ण कर्त्तव्य है।

प्रव्रज्या दान का नियम

सर्वप्रथम प्रव्रज्या लेने वाला केशोच्छेदन कराता है और भिक्षु श्रमण के लिए प्रयुक्त अष्टपरिष्कार कर भिक्षु संघ में आता है। इन आठ वस्तुओं का पालन करने को ही ''अट्ठपरिष्कार'' कहते हैं जो इस प्रकार है–

तिचीवरक्ख पत्तक्ख वासि सूची च बन्धनं,
परिस्सावक्ख देमि अट्ठविधं परिक्खारं।

संघाटि, उत्तरासंग, अन्तर्वा, पात्र, क्षुर, सुची, कटिबंधिनी और जलचलनी इन आठ वस्तुओं सहित लड़के को लेकर भिक्षु श्रमण के पास उपस्थित होना चाहिए।

उपसंपदा के बाद दस वर्ष से कम उम्र के भिक्षु प्रव्रज्या नहीं ले सकते है और जो दस वर्ष के हो चुके हैं अथवा त्रिशरण का स्पष्ट प्रकार से उच्चारण नहीं कर पाते, वे भी प्रव्रज्या देने के अनुपयुक्त होते हैं। भगवान् बुद्ध ने कहा था - "श्रमण-गमन अर्थात् त्रिशरण के द्वारा ही प्रव्रज्या कर्म परिशुद्ध होता है।" इसीलिए प्रव्रज्यादाता और उसे लेने वाले दोनों को स्पष्ट उच्चारण करना आवश्यक है।

प्रव्रज्या लेने वाला अपने माता-पिता से अनुमति लेकर प्रव्रज्या ले सकता है अथवा माता-पिता, आत्मीयजन भिक्षु के पास ले जाकर प्रव्रज्या दिलवा सकते हैं।

प्रव्रज्या प्रार्थी को दीक्षा लेने के पूर्व श्रमण के लिए चार आवश्यक प्रत्यवेक्षण भावना, शरणगमन, दशशील और पंचात्तर सेखिया नीति अर्थों को जानना उचित होगा। इस प्रकार अल्पसमय में पुण्य का संचय करने के लिए जीवन काल में से एक सप्ताह तक भी प्रव्रज्या ग्रहण करें तो यह जीवन सार्थक हो सकता है।

प्रव्रज्या प्रार्थना

सर्वप्रथम प्रव्रज्या प्रार्थी उपस्थित भिक्षु संघ की या भिक्षु की वंदना कर केवल त्रिचीवरों को हाथ में लेता है। उसके पश्चात् पैर के अग्रभाग पर भार को रख उपवेशन कर इस प्रकार से प्रार्थना करता है–

उकास, अहं भन्ते पब्बज्जं याचामि।

दुतियम्पि.........। ततियम्पि............

भन्ते! मैं प्रव्रज्या की प्रार्थना करता हूँ। इसी प्रकार द्वितीय बार.... ....., तृतीय बार........ दोहराये।

काषाय वस्त्र दान

अब प्रव्रज्या प्रार्थी प्रव्रज्यादाता भिक्षु को त्रिचीवर संघाटी, उत्तरासंग, अन्तर्वास हाथ में देकर कहते हैं–

सब्बदुक्ख-निस्सरण-निब्बानं सच्छिकरणखाय

इमं कासावं गहेत्वा पब्बाजेथ मं भन्ते, अनुकम्पं ऊपादाय।

द्वितीय बार...... तृतीय बार..... सभी दुःखों से दूर निर्वाण प्राप्त करने के लिए अनुग्रहीत करें, इस काषाय वस्त्र को ग्रहण कर मुझे प्रव्रज्या प्रदान करें।

इस प्रकार तीन बार कहकर प्रव्रज्यादाता के हाथ में त्रिचीवर प्रदान करें। उसके पश्चात्, "पटिसक्खा योनिसो चीवरं पटिसेवामि" कहकर हाथ जोड़कर अपना आसन ग्रहण करें।

अशुभ कर्म्मस्थान ग्रहण

उसके बाद प्रव्रज्यादाता भिक्षु प्रव्रज्या लेने वाले व्यक्ति को अशुभ कर्मस्थान अनुलोम प्रतिलोम रूप से केस, लोम, नख, दन्त, त। तचो, दन्ता, नखा, लोमा, केसा, लोमा, नखा, तचो इन बत्तीस प्रकार के अशुभ कर्मस्थानों में से पाँच अशुभ भावना ग्रहण कर दशशील प्रार्थना करता है।

उकास, अहं भन्ते, तिसरणेन सह दस सामणेर पब्बज्जसीलं धम्मं याचामि अनुग्गहं कत्वा सीलं देथ मे भन्ते। दुतियम्पि......... ततियम्पि।

भगवान, मैं त्रिशरण के साथ दस प्रव्रज्याशील प्रार्थना कर रहा हूँ। कृपा कर मुझे दशशील प्रदान करें। द्वितीय बार..... तृतीय बार......... दोहरायें।

पुनः प्रव्रज्या लेने वाला कहेगा : नमो तस्स भगवतो अरहतो सम्मासमबुद्धस्स। इसको तीन बार दोहरायेगा। बाद में प्रव्रज्यादाता भिक्षु

प्रव्रज्या लेने वाले व्यक्ति को त्रिशरण दान करेगा। त्रिशरण दान के अंत में भिक्षु कहेंगे : त्रिसरणं गमनं सम्पुन्नं। प्रव्रज्या लेने वाला व्यक्ति कहेगा : मैं लेता हूँ भन्ते। अब दशशील को मुँह से बोलकर आवृत्ति करेंगे।

दशशील

1) पानातिपाता वेरमणी सिक्खापदं समादियामि

2) आदिन्नादाना...

3) अब्रक्खचरिया..

4) मूसावादा...

5) सुरामेरय-भज्ज-पमादट्ठाना...

6) बिकालभोजना..

7) नच्च-गीत-वादित-विसुकदस्सना...

8) माला-गंध-विलेपन-धारणमंडण
विभुसनट्ठाना वेरमणी सिक्खापदं समादियामि

9) उच्चासयना-महासयना...

10) जातरूप - रजतपटिग्गहणा..

गृहस्थ सबुह और संध्या समय में पंचशील, दशसुचरित्रशील को ग्रहण कर अपने कर्त्तव्यों का पालन करते हैं। अमावस्या, पूर्णिमा और अष्टमी तिथि में अष्टशील का पालन करना प्रत्येक का कर्त्तव्य है। शील पालन द्वारा स्वयं को सुरक्षित किया जाता है। विश्वशांति का बीज शीलपालन में ही निहित है। शीलपालन मनुष्य धर्म है।

दशशील प्रदान करने के अंत में भिक्षु कहते हैं : तिसरणेन सह पब्बज्जां सामणेर दससीलं धम्मं साधुकं सुरक्खितं कत्वा अप्पमादेन सम्पादेहि (प्रव्रज्या लेने वाला एक से अधिक होने पर "सम्पादेथ" कहेंगे)।

प्रव्रजित होने वाले कहेंगे - आम भन्ते। फिर कहेंगे - उपज्झायो मे भन्ते होहि। द्वितीयबार....... तृतीयबार कहेंगे।

भिक्षु कहते हैं : पातिरूपं। प्रव्रजित कहेंगे : आम भन्ते।

अन्त में नव प्रव्रजित श्रमण भिक्षुक या भिक्षुओं की वंदना करते हैं। इस प्रकार प्रव्रज्या दान समाप्त होती है। यह जीवन की एक अत्यंत गुरुत्वपूर्ण घटना है। शीलवान और प्रज्ञावान भिक्षुओं से ही प्रव्रज्या लेनी उचित है जिससे नव प्रव्रजित श्रमण धर्म की शिक्षा को प्राप्त कर सकें एवं उनके सामीप्य से भावना की शिक्षा प्राप्त कर सकें। दु:शील, दुष्प्रज्ञ भिक्षु से प्रव्रज्या दान के लिए दूर रहना ही उचित है। इस प्रकार के भिक्षु से प्रव्रज्या लेना अनुचित भी है।

वर्तमान चीवर प्रत्यवेक्षण

मैं अर्थसंयुक्त ज्ञान से त्रिचीवर पहना हूँ। शीत और गर्मी दोनों से ही से बचूँगा। चीवर में मन विक्षिप्त और अस्थिर हो जाता है। चीवर के प्रयोग से दंश, मक्खी, वायु, धूप और मच्छर आदि नहीं काट सकते, धूल-बालू आदि से शरीर गंदा नहीं हो सकता, सरीसृप और बिच्छु आदि आक्रमण नहीं कर पाते।

पूर्वोक्त कारणों से कभी-कभी चीवर पहनना आवश्यक हो जाता है किन्तु विशेष रूप से लज्जा को ढकने के लिए ही चीवर का प्रयोग होता है। भिक्षु-श्रमणों को यह मन में रखना चाहिए कि उपरोक्त कारणों से मैंने चीवर पहना है, पंचकामगुणों के लिए नहीं। पटिसंङ्खा योनिसो चीवरं पटिसेवामि, जावदेव सीतस्स पटिघाताया उणहस्स पटिघाताय डंस मक्स-वातातपसिरिंसप-सन्फस्सानं पटिधाताय, जावदेव हिरिकापीनं पटिच्छादनक्खं।

अभिणहंपच्चवेक्खण (नित्य अनुस्मरणीय)

संसार के प्रति अनासक्त रहना एवं निष्पाप कर्ममय जीवन-यापन के लिए अनुस्मृति का स्मरण करना उचित है। इस प्रकार दैनिन्दिनी मनसा-वाचा-कर्मणा में संयम आता है। ये तीनों कार्य परिशुद्ध करते हैं। अपने कर्मों की परिशुद्धि के दर्शन से चित्त में आनन्द व्याप्त रहता है।

जरा धम्मोम्हि जरं अनतीतो, व्याधि धम्मोम्हि व्याधिं अनतीतो, मरणधमोम्हि मरणं अनतीतो। सब्बेहि मे पियेहि मनापेहि नानाभावो विनाभवोति। कम्मस्सकोम्हि, कम्मदायादो, कम्मयोनि, कम्मपटिसरणो, यं कम्मं करिस्सामि कल्याणं वा पापकं वा, तस्स दायादो भविस्सामी'ति।

मैं जरा-व्याधि-मरण-धर्मों के अधीन हूँ। मुझे सभी प्रिय, मनोच्छित वस्तुओं से अलग होना होगा एवं उनसे दूर होना होगा। कर्म ही मेरा एकमात्र अपना है। मैं मेरे कर्म का उत्तराधिकारी हूँ। कर्म मेरे जन्म का कारण है, कर्म ही मेरा मित्र है और मेरा निर्देशक भी क्योंकि मेरे अच्छे और बुरे कर्म का उत्तराधिकारी मैं ही हूँ।

वर्तमान पिस्तुपात प्रत्यवेक्षण्

पटिसंक्खा योनिसो पिस्तुपातं पटिसेवामि, नेव दवाय न मदाय न मस्तुनाय, न विभुसणाय, यावदेव इमन्स्स कायस्स चितिया, यापनाय विहिंसूपरतिया, ब्रह्मचरिया णुग्गहाय इति पुरानक्ख वेदनं पटिहंथामि, नवक्ख वेदनं न उप्पादेस्सामि, यात्ता च मे भविस्सति अनवज्जता च फासू विहारो चाति।

भिक्षा का अन्न लेने के समय भिक्षु-श्रमण गणों के पात्र के खाद्य-भोज्य-लेह्य-पेय्य जो कुछ भी है पिस्ताकारे के अंतर्गत आते हैं, यही पिस्तुपात है। भिक्षा में प्राप्त आहार को मैं अर्थसंयुक्त जान कर भेषज का सेवन करता हूँ। इसके सेवन से ग्राम्य बालिकाओं की क्रीड़ा प्रदर्शन का उद्देश्य नहीं हैं, मल्लयोद्धाओं की न्याय शक्ति का प्रदर्शन नहीं है, वैश्यों की न्याय अंगप्रत्यंग की पुष्टि नहीं है, नर्तकी के न्याय प्रसाधन के लिए भी नहीं है बल्कि इस चतुर्थ महाभौतिक शरीर की स्थिति के लिए, क्षुधा-रोग के निवारणार्थ, ब्रह्मचर्या के अनुग्रह हेतु, पुरातन क्षुधा-यंत्रणाओं के विनाश हेतु, अपरिमित भोजन में नयी यंत्रणा के अनुत्पादन हेतु मैं इस भोजन को ग्रहण करता हूँ। परिमित भोजन में जाना-खड़ा होना-सोना और उपवेशन किसी प्रकार अन्तराय नहीं होता बल्कि श्रद्धाप्रदत्त वस्तु का प्रयोग न कर बुद्धप्रशंसित पवित्र और निरापद स्थिति होती है।

वर्तमान शय्यासन प्रत्यवेक्षण

पटिसंखा योनिसो सेनासनं पटिसेवामि, यावदेव सीतस्स पटिधाताय उणहस्स पटिधाताय डंस-मकस-वातातप-सिरिंसप-सम्पफस्सानं पटिधाताय, यावदेव उतुपरिस्सयविनोदनं पटिमल्लानारामक्खं।

मैं अर्थसंयुक्त ज्ञान से शय्या एवं आसन ग्रहण करूँगा। जिस तरह चीवर प्रत्यवेक्षण करते हैं। धातुजनित बाधायें दूर करने के लिए एकाग्र साधना के लिए शय्या या आसन की आवश्यकता है। केवल आलस्य या निद्रा लेने में व्यर्थ समय बिताने के लिए नहीं है।

वर्तमान गिलान-प्रत्यय प्रत्यवेक्षण

पटिसंखा योनिसो गिलान-पच्चय-भेसज्ज-परिक्खारं पटिसेवामि, यावदेव उप्पन्नानं वेय्या वाधिकं वेदनानं पटिघाताय, अव्यापज्ज् परमतायाति।

मैं अर्थसंयुक्त ज्ञान से रोगोपशमन की औषधि पथ्य का सेवन करूँगा। विविध दुःखदायक यंत्रणाओं के निराकरण के लिए औषधि सेवन की आवश्यकता होती है। अन्य उद्देश्य की पूर्ति के लिए औषधियों का सेवन नहीं है।

अतीत चीवर प्रत्यवेक्षण

मया अपच्चवेक्खित्वा अज्ज यं चीवरं परिभुक्तं तं यावदेव सीतस्स. .. पे..... पटिच्छादनक्खंति। यथापच्चयं पवत्तमानं धातुमत्तमेवेतं यदिदं चीवरं तदुपभुंजको च पुग्गलो धातुमत्तको निस्सत्तो निज्जीवो सुत्रों, सब्बनि पन इमानि चीवरानि अजिगुच्छनीयानि, इमं पूतिकायं पत्वा अतिविय जिगुच्छनीयाति जायन्ति।

अतीत पिस्तुपात प्रत्यवेक्षण

मया अपच्चवेक्खित्वा अज्ज यो पिस्तुपातो परिभुत्तो सो नेव दवाय. ... पे.... फासुविहारो चा'ति। यथापच्चयं पवत्तमानं धातुमत्तमेवेतं यदिदं पिस्तुपातो तदुपभुंजं को च पुग्गलों धातुमत्तको निस्सत्तो निज्जीवो सुत्रो, सब्बो पनायं पिस्तुपातो अजिगुच्छनीयो इमं पूतिकायंत्वा अतिविय जिगुच्छनीयो जायति।

अतीत शय्यासन प्रत्यवेक्षण

मया अपच्चवेक्खित्वा अज्ज यं सेनासनं परिभुक्तं तं यावदेव सीतस्स पटिधाताय पे विनोदनं पर्टिसल्लानारामक्खं। यथा-पच्चयं पवत्तमानं धातुमत्त मेवेतं यदिदं सेनासनं तदुपभुंज को च पुग्गलो धातुमत्तको निस्सत्तो निज्जीवो सुत्रो, सब्बानि पन इमानि सेनासनानि अजिगुच्छ नीयानि, इमं पूतिकायं पत्वा अतिविय जिगुच्छनीयानि जायन्ति।

अतीत गिलान प्रत्यवेक्षण

मया अपच्चवेक्खित्वा अज्ज यो गिलानपच्चयो भेसज्जपरिक्खारो परिभुत्तो सो यावदेव......... पे........ परमताया'ति। यथापच्चयं पवत्तमानं धातुमत्तमेवेतं यदिदं गिलानपच्चय-भेसज्जपरिक्खारो अभिगुच्छनीयो इमं पूतिकायं पत्वा अतिविय जिगुच्छनीयो जायति।

अतीत प्रत्यवेक्षण चतुष्टय का अर्थ

अन्य प्रत्येक्षण न करनेवाले, जो चीवर-भिक्षु-शय्या और औषधि का उपभोग करते हैं, वे बाधाओं को दूर करने हेतु कल्प में आते है (वर्तमान प्रत्यवेक्षण देखें)। यद्यपि वर्तमान में ये सुन्दर और दुर्गंधहीन होते हैं किन्तु ये धातुओं के समष्टि मात्र है, फलस्वरूप प्रत्यय उपभोग कारी यह शरीर धातु समष्टि मात्र हैं। ये सत्व, कुछ नहीं बल्कि शून्यवत हैं। ये समस्त प्रत्यय घृणित नहीं है, बल्कि पूर्तिकाय या दुर्गंधमय शरीर प्राप्त कर ये अतिशय घृणित होते हैं।

प्रव्रज्या का फल

कारे विहारे इध जम्बूदीपे
खेत्तं करित्वान तयो च दीपे
मेरुप्पमाणम्पि ददेय्य दानं
कलं नाग्घन्ति पब्बजितानिसंसन्ति।।

जम्बूद्वीप में जो भिक्षु संघ विहार करेगा, उनकी परिचर्या के लिए तीन द्वीप (पूर्व विदेह, अपरगोयान, उत्तरकुरु) सिनेरु प्रमाण की

आवश्यक वस्तु दान करने से जो पुण्य होगा, वह पुत्र को प्रव्रज्या दान या अपनी प्रव्रज्या के पुण्य के पूरे भाग का एक भाग भी नहीं होगा।

कुमार प्रश्न

1) एक नाम किं? - एक का क्या अर्थ है?

सब्बेसत्ता आहारट्ठितिका - सभी प्राणी आहार पर निर्भर हैं।

2) द्वे नाम किं? - दो का क्या अर्थ है?

नामञ्च रूपञ्च - नाम और रूप। वेदना, संज्ञा, संस्कार, विज्ञान से नाम और रूप का अर्थ है रूपस्कन्ध।

3) तीनि नाम किं? - तीन का क्या अर्थ है?

तीसरा वेदना - तीन वेदना: सुख-दुःख-उपेक्षा वेदना।

4) चत्तारि नाम किं? - चार का क्या अर्थ है?

चत्तारि अरियसच्चानि - चार आर्यसत्य। जैसे दुःख, दुःख की उत्पत्ति, दुःख का निरोध, दुःख निरोधमार्ग।

5) पंच नाम किं? - पाँच का क्या अर्थ है?

पंच उपादानक्खन्धा - पंच उपादान स्कन्ध : रूप, वेदना, संज्ञा, संस्कार, विज्ञान।

6) छ नाम किं? - छह का क्या अर्थ है?

छ अज्झत्तिकानि आयतनानि - छह आध्यात्मिक आयतन समूह : चक्षु, श्रोत्र, घ्राण, जिह्वा, काय, मनायतन।

7) सत्त नाम किं? - सात का क्या अर्थ है?

सत्तवोज्झंगा - सप्तबोध्यंग : स्मृति, धर्मविचार, वीर्य, प्रीति, प्रशान्ति, समाधि, उपेक्षा।

8) अट्ठ नाम किं? - आठ का क्या अर्थ है?

अरियो अट्ठंगिको मग्गो - आर्य अष्टांगिक मार्ग। जैसे - सम्यक् दृष्टि, सम्यक् संकल्प, सम्यक्वाक्, सम्यककर्मान्त, सम्यक्जीविका, सम्यक्व्यायाम (प्रचेष्टा), सम्यक्स्मृति, सम्यक् समाधि।

9) नव नाम किं? - नौ का क्या अर्थ है?

नव सत्तावासा - नय सत्वावास समूह। (1) नानाकाय नानासंज्ञा (मनुष्यगण, कौन-कौन देवता, कौन कौन नरकगामी जो इसे भोगते हैं)

(2) नानाकाय - एकसंज्ञा (ब्रह्मकायिक देवगण जो प्रथमध्यान की प्राप्ति हेतु ब्रह्मलोक में उत्पन्न हुए हैं जो इसे भोगते हैं।

(3) एककाय नानासंज्ञा (आभास्वर देवगण) (4) एककाय एकसंज्ञा (शुभकीर्ण देवगण)

(5) असंज्ञसत्व (असंज्ञसत्व देवगण) (6) आकासानन्तायतन उपगत (जो रूपसंज्ञा, प्रतिघसंज्ञा का अतिक्रम कर नानाविध संज्ञाओं से मन को निवेश न कर स्थित होते हैं। (7) विज्ञानायतन उपगत (जो अनन्त आकाश का अतिक्रम कर अनन्त विज्ञान में स्थित होते हैं) (8) अकिंचनायतन उपगत (जो अँनन्त-विज्ञान निरोधायतन में स्थित होते हैं) (9) नेवसंज्ञा-नासंज्ञायतन उपगत (आकिंचन, आयतन का अतिक्रम कर जो "संज्ञा नहीं, असंज्ञा भी नहीं" इस प्रकार की अवस्था में स्थित होते हैं। (10) दस नाम किं? - दस का क्या अर्थ है? दस अंगेहि समन्नागतो अरहा'ति - दश अंग सम्पन्न अर्हत।

1) अशैक्ष्य सम्यक् दृष्टि	6) अशैक्ष्य सम्यक् व्यायाम
2) अशैक्ष्य सम्यक् संकल्प	7) अशैक्ष्य सम्यक् स्मृति
3) अशैक्ष्य सम्यक् वाक्य	8) अशैक्ष्य सम्यक् समाधि
4) अशैक्ष्य सम्यक् कर्म	9) अशैक्ष्य सम्यक् ज्ञान
5) अशैक्ष्य सम्यक् जीविका	10) अशैक्ष्य सम्यक् विमुक्ति

दशांग - विकल श्रमण बहिष्कार योग्य

यदि श्रमण

1) प्राणीहत्या में रत है

2) अदत्तग्राही हो

3) अब्रह्मचारी हो

4) मिथ्याचारी हो

5) मद्यणायी हो

6) बुद्ध की निन्दा करता हो

7) धर्म की निन्दा करता हो

8) संघ की निंदा करता हो

9) मिथ्या दृष्टि परायण हो

10) भिक्षुणी दूषित हो इस स्थिति में श्रमण बहिष्कार योग्य होता है।

❑❑❑

अध्याय–9

गृहस्थ के कर्त्तव्य

ग्रहस्थ के कर्त्तव्य

1. गृही कर्त्तव्य
2. सिगालक - उपदेश सूत्र
3. व्यग्धज्ञ्च सूत्र
4. सात अपरिहर्यनीय धर्म
5. विवाह
6. कन्या को दिया जाने वाला उपदेश
7. स्त्री के प्रति स्वामी के कर्त्तव्य
8. विवाह मंत्र
9. मेत्त सूत्र

(गृही विनय)

गृहस्थ के कर्त्तव्य एवं विवाह संस्कार

पुरुषों के कर्त्तव्यों से संबंधित कुछ प्रश्नों के उत्तर भगवान बुद्ध ने जेतवन में दिये थे। प्रश्न था : भगवन्! पुरुष का पराभव किससे होता है? उस समय भगवान श्रावस्ती के निकट अनाथपिण्डक में आराम कर रहे थे। उन्होंने संक्षेप में पुरुषों के पराभव के विषय में निम्नलिखित वचनों को कहा–

अभिज्ञ व्यक्ति का ही पराभव होता है। धर्म से द्वेष रखने वाले की पराजय होती है। असत् प्रकृति का पुरुष जिसे प्रिय होता है और बुद्ध से युक्त प्रमुख सत्व्यक्ति जिसे प्रिय नहीं है, जो व्यक्ति बारह मिथ्यादृष्टि से युक्त, दश अकुशल कर्मों में रत रहता है, उसकी पराजय होती है। जाने में, बैठने में, सोने में जो तन्द्रा युक्त है, जो व्यर्थ की बातों में समय बीताता है, जो उद्यम हीन है, जो आलस्य परायण, क्रोध परायण है, ऐसे लोगों की पराजय होती है। जो पिता माता का भरण-पोषण नहीं करते, उनकी पराजय होती है। निष्पाप श्रमण, ब्राह्मण याचक की जो वंचना करते हैं, उनकी पराजय होती है। अत्यधिक विषय-सम्पत्ति का अधिकारी होकर भी जो स्वयं ही उसका उपभोग करता है, दूसरों को कुछ भी दान नहीं करता - उसकी पराजय होती है। जो व्यक्ति जाति-गोत्र-धन आदि विषयों में घमंड करता है, जो जाति समूहों की अमंगल कामना करता है और उनसे घृणा करता है, उसकी पराजय होती है। जो व्यक्ति परस्त्री के प्रति आसक्त, सुरा पीने वाला, जुआ और धुतक्रीड़ा........ आदि में सम्पत्ति नष्ट करता है, नयी सम्पत्ति की प्राप्ति नहीं होती, उसकी पराजय होती है। जो व्यक्ति अपनी स्त्री के प्रति अनुरक्त नहीं होता, गणिका और दूसरी स्त्री के प्रति आसक्त होता है, उसकी पराजय होती है। वृद्ध व्यक्ति तरुणी पत्नी ग्रहण करता है जिससे उसे पराजय का मुँह देखना पड़ता

है। जो व्यक्ति मत्स्य, मांस, मद्य, व्यय बहुल खाद्य भोज्य के लिए अमितव्ययी हो या स्त्रियों के पास कर्म का भार अर्पित करे या अपने उत्तराधिकार स्थापित करें, उसकी पराजय होती है। क्षीणबल क्षत्रिय की दूसरे राज्य पर लोलूप दृष्टि पराजय का कारण बनती है। आर्यगण द्वारा वर्णित वर्जनीय विषय समूहों में अनुरक्त और मंगल सूत्र में वर्णित कुशलकर्म समूह संपादन से विरत व्यक्ति की पराजय होती है।

भगवान बुद्ध द्वारा दिये भिक्षु-भिक्षुणियों के लिए नीति या नियम के विषय से संबंधित उपदेश के कर्त्तव्य या विनय से संबंधित उपदेश विनयपिटक में संग्रहित हैं। साधारण गृहस्थों के कर्त्तव्य या विनय से संबंधित स्वतंत्र कोई ग्रंथ या पिटक न होने पर भी सूत्रपिटक के अंतर्गत निकाय ग्रंथ समूह के विभिन्न पर्यायों में बुद्ध द्वारा दिये गये वचनों में बहुत सी गृहनीति परिदृष्ट होती है। भगवान बुद्ध ने विभिन्न स्वभाव वाले मनुष्यों में प्रत्येक के ज्ञान और चरित्र के अनुसार उपदेश दिये हैं। किसी-किसी व्यक्ति को बहुत ही सरल भाषा में, किसी को बहुत ही कठिन दृष्टांतों द्वारा और किसी को धर्म के गंभीर तत्वों की व्याख्या द्वारा वशीभूत किया है। इस अध्याय में गृहस्थों के लिए अत्यंत आवश्यक गृही विनय में परिपूर्ण सिगालक के उपदेश सूत्र दिया गया है जो गृहस्थों के लिए अत्यंत आदरणीय और आवश्यक है। दीर्घनिकाय की अट्ठकथा में इस प्रकार मिलता है-

"हमास्मिं पन सुत्ते यं कि......। गिहिना कत्त्ववं अकथितं नक्खि, तस्मा अयं सुत्तन्तो गिहि विनयो नाम।" अर्थात् गृहस्थों के लिए जो कुछ भी करणीय है इस सूत्र के माध्यम से उनके लिए कुछ भी बाकी नहीं रहता। इसी लिए वह गृहीविनय नाम से अभिहित है। जो गृहस्थ जीवन में इस सूत्र के नियमों को मानते हैं उनका सदैव ही कल्याण होता है। अतः प्रत्येक बौद्ध उपासक-उपासिकाओं को इस सूत्र के गंभीर ज्ञान को जानना आवश्यक है।

सिगालक - उपदेश सूत्र

जब भगवान बुद्ध राजगृह के बेणुवन में कलन्दक निवास में विश्राम कर रहे थे, उस समय सिगालक नामक एक गृहस्थ पुत्र प्रत्युष

राजगृह की नगर सीमा का अतिक्रमण कर गीले वस्त्रों से, गीले केशों से दोनों हाथों को जोड़कर पूर्व, दक्षिण, पश्चिम, उत्तर, ऊपर और नीचे नमस्कार कर रहा था।

एक दिन पूर्वार्द्ध के समय भगवान बुद्ध पात्र-चीवर ग्रहण कर भिक्षा लेने के लिए राजगृह नगर में जा रहे थे। जाते समय रास्ते के बीच उन्होंने देखा गृहस्थपुत्र सिगालक प्रत्युष गात्रोत्थान पूर्वक गीले वस्त्र, भीगे केश और हाथों को जोड़ समूह को नमस्कार कर रहा था। यह देखकर बुद्ध ने जिज्ञासा की - हे गृहपतिपुत्र! तुम गीले वस्त्रों, गीले केश में क्यों इस प्रकार चारों ओर नमस्कार करते हो?

भगवान! मृत्यु के समय मेरे पिता ने इस प्रकार नमस्कार करने के लिए मुझे उपदेश दिया था। तब से मैं पिता के वचनों के प्रति सम्मान प्रदर्शित करता हूँ और गुरुत्व दान के उद्देश्य से प्रत्येक दिशाओं को नमस्कार करता हूँ।

यह सुनकर भगवान ने शान्त स्वर में कहा- हे गृहपतिपुत्र! अर्ध्य-विनय में षड दिशाओं की वन्दना करने का कोई विधान नहीं है।

प्रभो! अर्ध्य विनय में षड दिशाओं की वन्दना का विधान किस रूप में किया गया है, इस सम्बन्ध में मुझे धर्मोपदेश देने की कृपा करें।

इसे मनोयोग से सुनो, मैं उसकी व्याख्या कर रहा हूँ।

हे गृहपति! अर्ध्यश्रावक या धार्मिक गृहस्थ चतुर्विध कलुषकर्म की वर्जना करें, चार कारणों के वश में होकर वे कोई पाप कर्म न करें एवं भोगसम्पत्तिनाशक छः प्रकार के कु-अभ्यासों का परित्याग करें। इस प्रकार चौदह प्रकार के पापों से षड दिशायें दूर रहती हैं, रक्षाकारी पुरुष इस लोक और परलोक में परम सौभाग्य के अधिकारी होते हैं एवं मृत्यु के बाद स्वर्गलोक में उत्पन्न होते हैं।

धार्मिक गृहस्थ कौन-से चार कलुष कर्मों का वर्जन करें?

वे प्राणी हत्या, अदत्त वस्तु लेना, काम-मिथ्याचार और मिथ्यावाक्य का परिहार करें।

कौन से चार कारणों के वश में हो पाप कर्म नहीं करना चाहिए।

हे गृहपतिपुत्र! धार्मिक गृहस्थ छन्द (प्रबल इच्छा), द्वेष, भय और मोह के वशीभूत हो कोई पापकर्म न करें।

भोग सम्पत्तिनाशक कौन-कौन से छह प्रकार के कु-अभ्यासों का परिहार करना चाहिए।

धार्मिक गृहस्थ को उन्मत्तपूर्ण हो नशा द्रव्य सेवन, असमय सड़कों पर विचरण, मजलिसों में योगदान, धुतक्रीड़ा (जुआ, ताश इत्यादि) में अनुरक्त, पापीमित्र के संसर्ग और आलस्य के परायण के कारण छह भोग ऐश्वर्य-नाशक दोषों का परिहार करना है।

हे गृहपतिपुत्र! नशाद्रव्य के सेवन करने से छह विषमय फल होते हैं। जैसे - धनहानि, अतिशय कलहवृद्धि, नाना प्रकार के रोगों की उत्पत्ति, दुर्नाम प्रचार, लोगों के मन में क्रोध का संचार और कल्याणदायक ज्ञानशक्ति को दुर्बल करता है। हे गृहपतिपुत्र! जो असमय सड़कों पर विचरण करते हैं, वे छह विषमय फलों का भोग करते हैं जैसे - कहाँ नृत्य होगा उसकी उत्कण्ठा, कहाँ संगीत होगा, कहाँ वाद्य बजेगा, कहाँ नाटक होगा आदि की सर्वदा उत्कण्ठा बनी रहती है।

हे गृहपतिपुत्र! धुतक्रीड़ा में रत व्यक्ति छह विषमय फलों का भोग करता है। जैसे - विजय की आशा बढ़ती है, पराजय से निराशा आती है, प्रत्यक्ष भाव से धनहानि होती है, विचारों द्वारा अभियोग अग्राह्य होता है, आत्मीय स्वजनों के सम्पर्क का त्याग करता है, कोई विवाह आदि संबंधों को नहीं करना चाहता और धुतक्रीड़ा में रहता हुआ स्त्री के लिए वस्त्र-आभूषण आदि जुटाने में अक्षम होता है।

हे गृहपतिपुत्र! पापीमित्र के सहवास से छह विषमय फल होते हैं। जैसे - धूर्त, चरित्रहीन, नशाखोर, जुआखोर, प्रवंचक और दुःसाहसिक ही उनके पापीमित्र के सहवासकारी मित्र और सहायक होते हैं।

हे गृहपतिपुत्र! आलस्यपरायण व्यक्ति छह कारणों से क्षतिग्रस्त होते हैं। जैसे - आज अत्यंत ठंड है कार्य नहीं करते, अत्यंत गर्मी है कार्य नहीं करते, बहुत सुबह है कार्य नहीं करते, बहुत समय हो गया है काम नहीं करते, अत्यंत रात्रि है कार्य नहीं करते एवं इस प्रकार की

अवहेलना से बहुत से कार्य असम्पूर्ण रहते हैं। इसके फलस्वरूप धन उत्पन्न नहीं होता एवं उत्पन्न धन का क्षय होता है।

हे गृहपतिपुत्र! चतुर्थ श्रेणी के लोग मित्र रूपी शत्रु कहे जाते हैं। जैसे - परम्बापहारक, वाक्यवीर, चाटुकार और अपकर्म के प्ररोचक।

परम्बापहारक चार कारणों से मित्ररूपी शत्रु कहे जाते हैं। जैसे - सर्वदा अन्य लोगों का धन ग्रहण करते हैं, अन्य को अल्पमात्र देते हैं और दूसरों से अधिक आशा करते हैं, सर्वदा भयभीत हो कार्य करते हैं एवं प्रत्येक विषय में स्वार्थ सिद्धि करते हैं।

वाक्यवीर चार कारणों से मित्ररूपी शत्रु कहे जाते हैं। जैसे - आपका अतीत समृद्धि लायेगा। गर्व करते हैं और भावी समृद्धि का आश्वासन करते हैं, अनर्थक कितनी ही बातें जन्म से स्मृति में रहती हैं एवं उपस्थित कार्यों में भय का प्रदर्शन करती हैं।

चाटुकार को चार कारणों से मित्ररूपी शत्रु कहा जाता है। जैसे- एक ओर पापजन्य कर्म होने पर भी सम्पत्ति प्रदान करते हैं, या एक ओर कल्याणकारक कार्य होने पर भी बाधाओं की सृष्टि करते हैं, सम्मुख या परोक्ष निन्दा करते हैं।

अपकर्म में साथ देने वाले व्यक्ति को चार कारणों से मित्र रूपी शत्रु कहा जाता है। जैसे - नशाद्रव्य सेवन करने में उत्साहित करना, असमय सड़कों पर विचरण करने में सहायता करना, मजलिसों या अभिनय आदि में योगदान करने के लिए उत्साहित करना।

हे गृहपतिपुत्र! सदुपदेशक व्यक्ति को चार कारणों से सुहृद प्रशंसा मिलती है। जैसे - वे पाप से विरत होते हैं, कल्याणकार कार्यों में प्रवृत्त होते हैं, अश्रुत विषय सुनते हैं एवं स्वर्गारोहरण मार्ग के विषय में बात करते हैं।

हे गृहपतिपुत्र! अनुकम्पाशील व्यक्ति चार कारणों से सुहृद प्रशंसा प्राप्त करते हैं। जैसे - मित्र के अध:पतन को देखकर आनन्दित नहीं होते, उन्नति से आनन्द प्राप्त करते हैं, मित्र की निन्दा का प्रतिवाद करते हैं एवं कोई सुख्याति कर उनकी प्रशंसा करते हैं।

हे गृहपतिपुत्र! चार प्रकार के लोग मित्र की सुहृद प्रशंसा प्राप्त करने योग्य होते हैं। जैसे - जो उपकारी हैं, जो सुख-दुःख में संवेदना का अनुभव करते हैं, जो सुदुपदेशकर्त्ता हैं एवं जो अनुकम्पाकारी हैं।

उपकारी मित्र चार कारणों से सुहृद प्रशंसा को प्राप्त करने योग्य होते हैं। जैसे वे प्रमत्त की रक्षा करते हैं, प्रमत्त की विषय सम्पत्ति की रक्षा करते हैं, भयभीत को आश्रय देते हैं एवं आबद्ध कार्यों में दुगना ऐश्वर्य प्राप्त करने का प्रयास करते हैं।

संवेदना प्रदर्शित करने वाला मित्र चार कारणों से सुहृद प्रशंसा प्राप्त करता है। जैसे - वे मित्र से सभी गोपनीय विषय कहते हैं, मित्र के गुप्त विषय को सावधानी से गोपनीय रखते हैं, विपद काल में मित्र के लिए त्याग करते हैं एवं मित्र के कल्याण के लिए स्वयं के प्राण उत्सर्ग करने के लिए प्रस्तुत रहते हैं।

धार्मिक गृहस्थ किस प्रकार से षडदिशाओं की रक्षा करते हैं?

हे गृहपतिपुत्र! माता-पिता पूर्व दिशा में, आचार्य या शिक्षक दक्षिण दिशा में, स्त्री-पुत्र पश्चिम दिशा में, बंधु-बान्धव या आत्मीय-स्वजन उत्तर दिशा में, नौकर-नौकरानी नीचे की ओर, श्रमण-ब्राह्मण ऊपर की ओर - ये ही गृहीकर्त्तव्य की षडदिशायें कही जाती हैं।

हे गृहपतिपुत्र! पञ्चविध कर्त्तव्य पालन में पुत्र माता-पिता के रूप को पूर्व दिशा में रखता है। जैसे माता-पिता का कर्त्तव्य है कि प्रयास कर असहाय स्थिति में उनके भरण-पोषण का निर्वाह करना, अपने कार्य को न कर उनके कार्य को करना, वंश मर्यादा को बचाये रखना, उनके उपदेश को रख उनकी विषय-सम्पत्ति का अधिकारी होना एवं परलोक सिधारे माता-पिता की सद्गति के लिए पुण्यानुष्ठान करना।

हे गृहपतिपुत्र! पञ्चविध कर्मों द्वारा माता-पिता पुत्र के प्रति अनुकम्पा करते हैं। जैसे - पुत्र को पापकर्म के लिए मना करना, कल्याणकर कार्यों के प्रति उत्साहित करना, उपयुक्त आयु में विद्याशिक्षा देना, यथासमय विवाह-बंधन में बाँधना एवं यथासमय विषय-सम्पत्ति का उत्तराधिकारी बनाना।

इस प्रकार माता-पिता और पुत्र-कन्याएँ आदि अपने-अपने कर्तव्यों का पालन कर माता-पिता के रूप को पूर्व दिशा में सुरक्षित रखते हैं।

हे गृहपतिपुत्र! पञ्चविध कर्त्तव्यों का पालन कना शिष्य का कर्त्तव्य है और आचार्य के रूप को दक्षिण दिशा की ओर करना उचित है। जैसे - आचार्य के सम्मुख आसन कर सेवा करने के लिए आचार्य के समीप जाना, आचार्य के आदेश का पालन करना, मनोयोग से आचार्य के उपदेश को सुनना और विद्याभ्यास करना।

हे गृहपतिपुत्र! पाँच कर्मों द्वारा आचार्य को शिष्यों के प्रति अनुकम्पा प्रदर्शित करनी पड़ती है। जैसे - उन्मता में कुलपुत्र की रक्षा करना, उनकी सम्पदा की रक्षा करना, भयातुर को आश्रय देना, विपदा के समय कुलपुत्र का परित्याग न करना, मांगलिक उत्सव आदि में कुल पुत्र के पुत्र और कन्या आदि को आशीर्वाद देना। इसी रूप में कुल पुत्र और आत्मीय-स्वजनों में परस्पर कर्त्तव्यों के पालन में आत्मीय-स्वजन के रूप को सुरक्षित करना।

हे गृहपतिपुत्र! पञ्चविध कर्मों द्वारा गृहस्वामी कर्त्तव्य के भृत्य रूप को अधो दिशा में बचा कर रखना पड़ता है। जैसे - भृत्य को शक्तिनुसार कार्यभार अर्पण करना, उन्हें उपयुक्त वेतन प्रदान करना, रोग के समय सेवा शुश्रुसा करना, उत्कृष्ट खाद्य को हिस्सा करना एवं बीच-बीच में छुट्टी देना।

हे गृहपतिपुत्र! पञ्चविध कर्त्तव्य के पालन के द्वारा भृत्य को गृहस्वामी की सेवा करनी पड़ती है। जैसे - गृहस्वामी के पूर्व शय्या का त्याग करना, बाद में सोना, अनजानों से कुछ ग्रहण न करना, केवल प्रदत्त वस्तु को ग्रहण करना, सुचारु रूप से कर्म करना एवं सर्वसाधारण से गृहस्वामी की सुख्याति और प्रशंसा करना। इस प्रकार गृहस्वामी और भृत्य दोनों एक-दूसरे के प्रति अपने कर्त्तव्यों का पालन करने पर भृत्य रूप में वह अधोदिशा में सुरक्षित और निर्भय होता है।

हे गृहपतिपुत्र! पञ्चविध कर्त्तव्य पालन के द्वारा कुलपुत्र अपने कृतत्व से श्रमण-ब्राह्मण को उर्ध्व दिशा में बचा कर रखता है। जैसे -

भक्तिपूर्ण चित्त से श्रमण-ब्राह्मण की सेवा शुश्रुसा करना, "अन्न वस्त्र दान करना, उसकी पूजा करना, धर्म श्रवण करना" इत्यादि कहकर जनसाधारण को उनके प्रति श्रद्धासम्पन्न कर ऊँचा करना, उनके हित की कामना करना, सर्वदा उनकी अभ्यर्थना एवं उत्कृष्ट आहार्य्य, द्रव्य आदि दान देना।

हे गृहपतिपुत्र! षड्विध कर्म द्वारा श्रमण-ब्राह्मण को कुलपुत्र के प्रति अनुकम्पा प्रदर्शित करनी पड़ती है। जैसे - कुलपुत्र को पापकर्म से विरत करना, कल्याणजन्य कार्यों को नियोजित करना, सर्वदा उनके कल्याण की कामना करना, अश्रुत विषय व्यक्त करना, ज्ञानी विषय का संशोधन करना और सुगतिगामी मार्ग की व्याख्या करना। इस प्रकार कुलपुत्र और श्रमण-ब्राह्मण दोनों के कर्त्तव्य पालन द्वारा श्रमण-ब्राह्मण के रूप में उर्ध्व दिशा में सुरक्षित और निर्भर होते हैं।

गृहपतिपुत्र सिगालक भगवान बुद्ध के मुँह से धार्मिक गृहस्थों के षडदिशाओं की सुंदर अर्थपूर्ण व्याख्या सुनकर बोले - प्रभो! आप के द्वारा कही गयी षडदिशाओं का वर्णन बहुत ही अद्भुत है! बहुत ही अद्भुत! आप अधोमुखी-उर्ध्वमुखी न्याय करने में आवृत को उद्घाटित, निरुद्देश्य को पथ प्रदर्शन और अंधकार में प्रदीप द्वारा न्याय कर विभिन्न प्रकार से गृहीधर्म को प्रकाशित करते हैं। अद्य होने से मैं बुद्ध, धर्म और संघ की शरण में हूँ। अनुग्रहपूर्वक मुझे अपने उपासक के रूप में ग्रहण करें।

व्यग्धज्ज सुत्त

भगवान बुद्ध कक्करपत्त नामक कोलीय ग्राम में विचरण करते-करते एक समय कोलीयगणों को धर्मोपदेश दे रहे थे। एक कोलीय गृहस्थ व्यक्ति बुद्ध के समीप उपस्थित हो कहने लगा - भन्ते! हमलोग कामभोगी गृही हैं, स्त्री-पुत्र के साथ गृहस्थी करते हैं। हमलोग वाराणसी के सुगन्ध चंदन का उपयोग करते हैं, विविध प्रकार के आभूषण और प्रसाधन द्रव्यों द्वारा शरीर को अलंकृत करते हैं। प्रभो! इस जीवन में सुख समृद्धि से युक्त हैं एवं दूसरे जीवन में शान्तिदायक यदि कोई शिक्षणीय विषय है तो उस विषय में हमें उपदेश प्रदान करें।

भगवान बुद्ध बोले - हे व्यग्धज्ज! इस जीवन में गृहस्थों के लिए मंगलजनक और सुखदायक चार विषय हैं। जैसे - (1) उत्साह (2) संरक्षण (3) सतलोक का संस्त्रव (4) श्रृंखलाबद्ध जीवन! हे व्यग्धज्ज! उत्साह किसको कहते हैं? सुनो। गृहस्थ कृषि-वाणिज्य, गोपालन, सैनिक कार्य, राजकर्म आदि जिन कार्यों द्वारा जीवन यापन करते हैं उन्हें सभी कार्यों में दक्ष होना उचित है, परिश्रमी एवं उपायकुशल होना उचित है। जिस कार्य को जिस प्रणाली से पालन करना पड़ता है उस कार्य को उसी प्रणाली से किया गया या नहीं उसकी खोज लेनी आवश्यक है। इसी को उन्नत गृहस्थ जीवन यापन का उत्साह कहते हैं।

हे व्यग्धज्ज! संरक्षण किसे कहते हैं सुनो। मान लीजिए एक धनवान व्यक्ति उद्यम और कठोर परिश्रम द्वारा धर्मतः प्रभूत सम्पत्ति का अधिकारी होता है। उसकी उस अर्जित सम्पत्ति की रक्षा के लिए सर्वदा ही चिंता करनी उचित है। "मेरा यह श्रमलब्ध धन किस प्रकार सुरक्षित हो सकता है, अन्याय कर कोई अधिकार न कर सके, चुराकर छीन न सके, अग्नि के द्वारा विनष्ट न हो, जल में डूब न जाये एवं ईर्ष्या वश जातियों की कोई क्षति न हो सकें।" इस प्रकार से अपनी सम्पत्ति की रक्षा के लिए चेष्टा करने से ही संरक्षण करते हैं।

हे व्यग्धज्ज! अब सत्लोक के संस्त्रव सुनो। मान लो, किसी गाँव में एक गृही निवास करता था। उस गाँव में श्रद्धावान, शीलवान और ज्ञानवान भी रहते थे। ये व्यक्ति सर्वदा धार्मिक आलोचना आदि करते, उसी सत्लोक के संसर्ग से श्रद्धावान और ज्ञानी होते हैं। इसी कारण सत्संगी के प्रभाव से मानवजीवन का महाकल्याण होता है। इसी को सत्लोक का संसर्ग करते हैं।

हे व्यग्धज्ज! अब श्रद्धालबद्ध जीवन किसे कहते हैं। सुनो! जैसे कोई गृही आय-व्यय के परिणाम को समझता है वह कंजूस भी नहीं है, अमितव्ययी भी नहीं है अर्थात् मितव्ययी, प्रयोजन के अनुसार खर्च करता है। वह सैदव इस प्रकार चिंता करता है कि "मुझे व्यय से आय अधिक करना होगा।" दुकानदार पलड़े को किस प्रकार पकड़ता है, किस ओर वजन अधिक होगा, विशेष रूप से जानता है, ठीक उसी

प्रकार प्रत्येक गृहस्थ को अपनी आय-व्यय के परिणाम के सम्बन्ध में यथावत ज्ञान रखने की आवश्यकता है। सांसारिक जीवन में कदम-कदम पर बाधायें आती हैं।

अब कोई गृही यदि विपुल सम्पत्ति का अधिकारी है और दानधर्म में कृपणता दिखाता है, इससे उसके जीवन की सार्थकता नहीं है। अत: आय-व्यय की मात्रा को समझकर चलने से उसका गृहस्थ जीवन सुन्दर और सुखमय होता है।

मनुष्य द्वारा परिश्रम से उपार्जित धन साधारणत: चार कारणों से नष्ट हो जाता है - वेश्यासक्ति से, नशेपन से, जुआ खेलने से, कुसंगी या दु:शील मित्र से। जैसे किसी तालाब जल में प्रवेश के चार पथ है और जल बाहर करने के भी चार पथ हैं। यदि कोई उसके जल प्रवेश के रास्तों को बंद कर बाहर के रास्तों को खुला रखें तो तालाब का जल धीरे-धीरे सूख जायेगा। उसी प्रकार सम्पत्तिनाश के चार रास्तों के रूप वेश्या, धन, जुआ और कुसंग का त्याग न करने पर सम्पत्ति वृद्धि की कोई संभावना नहीं रहती, वरन् संचित धन और धीरे-धीरे समाप्त हो जाता है। इसीलिए इन चार कुपथ का त्याग करने से गृहस्थ जीवन और भी समृद्ध और शान्तिपूर्ण होता है।

सात अपरिहार्यनीय धर्म

भगवान बुद्ध के जीवनकाल में तत्कालीन भारत के अन्यतम समृद्धशाली नगरी वैशाली में एक समय दुर्भिक्ष, महामारी और अमनुष्यता का चरम रूप दिखाई पड़ा। उस समय वैशाली के लिच्छवीराज के मंत्रणागृह में समस्त प्रजा के साथ सभी एकत्रित हुए और मंत्रणा की कि किन उपायों द्वारा इन तीन भयों को दूर किया जाये। बाद में करुणामूर्ति बुद्ध की कथा उनके मन में आई। उनके विनम्र अनुरोध से भगवान बुद्ध के वैशाली नगर में प्रवेश करने के साथ ही साथ मूसलाधार वृष्टि होने लगी। नगर के सड़े शव आदि के साथ समस्त गंदगी गंगा के प्रबल स्रोत में मिल गये। तभी भगवान बुद्ध ने आनन्द स्थविर को वैशाली में चतुर्दिक "रतन सूत्र" का पाठ करने का आदेश दिया। आनंद स्थविर के

द्वारा रतनसूत्र का पाठ समाप्त होते ही वैशाली के सभी उपद्रव सम्पूर्ण रूप से दूर हो गये। वैशालीवासियों ने इस स्मृति के उपलक्ष्य में उदेन, गौतम, सन्तन्धक, बत्थपुत्रक, सारन्दद, चापाल एवं महावन आदि स्थानों में चैत्य प्रतिष्ठित किये।

एकबार सारन्दद चैत्य में भगवान बुद्ध ने वृज्जियों को सम्मिलित कर सप्त अपरिहार्यनीय के संबंध में उपदेश दिया था। वृज्जि लोगों ने भगवान बुद्ध द्वारा प्रदत्त सभी उपदेशों का यथावत पालन कर प्राचीन भारत को अजेय एवं उन्नत जाति में बदल लिया था।

1) अभिण्हं सन्निपाता भविस्सन्ति - सभा-समितियों के बीच जो सदैव एकत्रित होते हैं– उनकी सदैव श्रीवृद्धि होती है।

2) समग्गा सन्निपतन्ति समग्गा बुट्ठहनित, समग्गा करणीयानि करोन्ति। जो एकताबद्ध हो कर सभा-समितियों में सम्मिलित होते हैं, सभा के शेष होने पर एकत्र हो कर चलते हैं एवं किसी भी प्रकार के नये कार्यों को सभी मिलकर करते हैं– उनकी सदैव उन्नति होती रहती है एवं अवनति के पथ रुद्ध हो जाते हैं।

अपञ्ञत्ते न पञ्ञापेन्ति, पञ्ञत्तं न समुच्छिन्दन्ति, यथा पञ्ञन्ते पोराणे धम्मे समादाय वत्तन्ति। जो सामाजिक या राष्ट्रीय क्षेत्र में किसी नयी दुर्नीति का प्रारम्भ नहीं करते, पूर्व प्रचलित सुनीति का उच्छेद करने का प्रयास नहीं करते एवं प्राचीन नीतियों को यथावत पालन करके चलते हैं उनकी सदैव श्रीवृद्धि होती रहती है, हानि नहीं होती।

यानि तानि चेतियानि अब्भन्तरानि चेव वाहिरानि तानि सक्करोन्ति, गरुकरोन्ति, मानोन्ति, पूजेन्ति, तेसंख दिन्नपुब्बं कतपुब्बं धम्मिकं बलि नो परिहापेन्ति। जो अपने ग्राम के बाहर या अभ्यान्तर पूर्व पुरुषगणों के निमित्त समस्त चैत्यों का यथावत संस्कार करते हैं, विधि के अनुसार पूजा-सत्कार करते हैं एवं चैत्यों का उद्देश्य पूर्व पुरुषों द्वारा प्रदत्त सम्पत्ति का स्वयं भोग न करके मंदिर के कार्य में ही व्यय करते हैं। गृहस्थ जीवन में उनकी सर्वदा उन्नति होती रहती है, कभी भी अवनति नहीं होती।

अरहन्तेसु धम्मिकारक्खावरणगुत्त सुसंविहिता होति, किन्ति अनागता च अरहन्तो विजितं आगच्छेय्यं, आगता च अरहन्तो विजिते फासू विहरेय्यूं, बुद्धि येव तेसं पाठिकंख्या नो परिहानि। - जो अर्हत और शीलवान भिक्षुओं को आवश्यक द्रव्यादि (चतुप्रतय्य) दान देकर सेवा और रक्षा करते हैं, उनकी सभी सुख-सुविधा की व्यवस्था कर देते हैं, देश में आये सभी अर्हतों की जो चिंता करते हैं एवं अपने ग्राम में स्थित अर्हत और शीलवान भिक्षु समूह निर्भय होकर रह रहे हैं कि नहीं इसका सदैव ध्यान रखते हैं- गृहस्थ जीवन में उनकी सदैव श्रीवृद्धि होती है, कभी भी हानि नहीं होती।

विवाह

विवाह प्रथा मानव सभ्यता के आदिकाल से ही संसारिक धर्म में प्रवेश का प्रथम द्वार है एवं गृहस्थ जनसाधारण के लिए प्रमुख मांगलिक अनुष्ठान के रूप में समाज द्वारा स्वीकृत है। इसके पूर्व कुमार-कुमारी अपने जीवन में सम्पूर्ण रूप से स्वाधीन एवं सांसारिक दायित्व से मुक्त रहते हैं। किन्तु वैवाहिक बंधन में आबद्ध होने के बाद उनमें स्वाभाविक रूप से कई महत्त्वपूर्ण दायित्व आ जाते हैं एवं यह परिवर्तन व्यक्ति के जीवन में एक अभिनय रूप प्रदान करता है। अत: इसे केवल हास्य-कौतुक या आमोद-आह्लाद का विषय न मान कर नव-दम्पत्ति के भावी जीवन में सभी प्रकार के सुख-दुःख, मिलन-वियोग एवं पारिवारिक श्रीवृद्धि की बढ़ोत्तरी के लिए विशेष रूप से आवश्यक है इसीलिए दाम्पत्य जीवन प्रारंभ होने के पूर्व नवदम्पत्ति का जीवन भविष्य में मधुर मिलन और सुख-समृद्धशाली होता है, हृदय में इसी भावना को रखकर धर्मीय कार्यकलाप, पुण्य कर्म आदि करना विशेष रूप से आवश्यक है।

सिंहल-बर्मा आदि बौद्ध प्रधान देशों में वैवाहिक उत्सव के कुछ दिनों पूर्व से ही वर-कन्या के घरों में विविध पुण्य-कार्य होने लगते हैं। बंगाल के बौद्ध समाज में भी विवाह से पूर्व भिक्षु को आमंत्रित करना, मंगलसूत्र के श्रवण करने का विधान है किन्तु वर्तमान में इसने प्रथाओं का रूप ले लिया है। त्रिपिटक शास्त्रों से पता चलता है कि तत्कालीन

बौद्ध समाज में गृहस्थ-जीवन के मांगलिक आनन्द, उत्सव आदि में भिक्षु संघ को निमंत्रित कर पित्तुदान और धर्म-श्रवण करना उत्सव का एक विशिष्ट अंग था। इस उपलक्ष्य में भगवान बुद्ध ने आग्रह पूर्वक मेत्तुकनत्त नामक श्रेष्ठी के घर निमंत्रित हो श्वसुरालय जाने योग्य कुमारियों को गृहकार्य संबंधी जो उपदेश दिये थे वह अनुकरण करने योग्य है।

एक समय भगवान बुद्ध भद्रिय नगर के समीपवर्ती जातीयवन में विश्राम कर रहे थे। तब उग्रह मेशुकनत्ता ने चार भिक्षुओं के साथ बुद्ध को निमंत्रित किया। भगवान बुद्ध ने भिक्षुओं के साथ श्रेष्ठि के घर पदार्पण करते समय भोज्य ग्रहण किया। भेजन समाप्त होने पर श्रेष्ठि ने कुछ कुमारियों के प्रति अंगुली द्वारा संकेत कर बुद्ध से कहा-

"हमे भन्ते कुमारियो पतिकुलानि गमिस्सन्ति, उबदकु तासं भन्ते भगवा, अनुसासतु तासं भन्ते भगवा, यं तासं अस्स दीघरत्तं हिताय सुखाया ति।"

प्रभो! ये कुमारियाँ पतिगृह जायेगी। अतः श्वसुरालय में स्थायी सुख और शांति के लिए आप उन्हें उपदेश प्रदान करें एवं इस विषय में अनुशासन की शिक्षा दें। यह कहकर श्रेष्ठि वहाँ से चले गये क्योंकि संभव है कुमारियाँ उनके सम्मुख लज्जा करें।

इसके पश्चात् बुद्ध ने कुमारियों से कहा - तस्माहित कुमारियों एवं सिक्खब्बं- हे कुमारियाँ! तुम लोगों को इस प्रकार की शिक्षा देनी उचित है।

हमारे परम हितैषी और मंगलकामी माता-पिता हमारे प्रति कृपा कर जिस स्वामी के हाथ हमें अर्पण करते है उसके बदले उनके सो कर उठने के पूर्व सचेत होना चाहिए, सूर्योदय पर्यन्त निद्रा नहीं लेनी चाहिए, इस संकल्प को पहले ही ले लेना चाहिए। भोर में सबसे पहले शय्या त्यागकर कर्मचारियों को यथावत कार्यों पर नियुक्त करने के पश्चात् गाय का दोहन करें। प्रत्येक कर्म का स्वयं परिदर्शन करना चाहिए और छोटे-बड़े सभी के प्रति प्रिय संभाषण करना चाहिए। रात्रि में सभी के

सोने के पश्चात् शयन करें। कभी भी गुरुजनों के पहले भोजन न करें। सबके खाने के पश्चात् गृहसामग्री को ठीक से रखें। गोशाला में सभी गौएँ आ गई कि नहीं यह देखना चाहिए। उसके बाद आगामी दिन में क्या-क्या कार्य करने है उसकी एक तालिका मन-ही-मन ठीक कर लेनी चाहिए। भोज्य द्रव्य शेष होने पर स्वयं बनाया हुआ भोजन करें। बक्सों की चाबियों की सर्तकता से रक्षा करनी चाहिए। कुमारियों, इस प्रकार तुमलोगों को तुम्हारे श्वसुरालय में गृह कार्यो को भली प्रकार से करना चाहिए।

हे कुमारियों! तुम्हारे स्वामी, गुरुजन अर्थात् माता-पिता एवं श्रमण ब्राह्मण का सत्कार, सम्मान और पूजा करें एवं अतिथियों का आसन और जल इत्यादि देकर सेवा करें। इसे भी तुम अपनी शिक्षा ही जानना।

हे कुमारियों! तुम्हारे घरों में लोम का कार्य है, लोम और सूत का कार्य, केवल सूत का कार्य, सूत और लोम के उलझन को छुड़ाना, धौत करना, रंग करना, गट्ठि करना, सूतों को पिंजिया पर लाना, बीज हटाना, धुनने का कार्य, पाँइच करना अथवा सूत काटना आदि कार्यों में दक्षता से आलस्य रहित स्वयं करना एवं दूसरों के द्वारा करवाना। यह भी तुम्हारी शिक्षा का विषय है।

हे कुमारियों! तुम्हारे स्वामी के घर में जो दास-दासियाँ और कर्मचारी हों, उनको कितने समय तक कार्य कराना है, कौन-कौन नहीं करता एवं कौन कितना वेतन पाने योग्य है इत्यादि विषयों का ज्ञान रखना और कर्मचारियों के प्रति इस प्रकार की भावना रखनी चाहिए कि गृहस्थ जो खाये उसमें से नौकरों को भी हिस्सा देना चाहिए एवं उनको किसी प्रकार का रोग होने से पथ्य और औषधि आदि की व्यवस्था करनी पड़ती है। गृहस्थ यदि नौकरों के साथ भोजन में समान दृष्टि नहीं रखते और रोग के समय औषधी, पथ्य आदि का यथोचित विधान नहीं करते, तो वे गृहस्थ की बदनामी करते रहते हैं एवं इसके फलस्वरूप भविष्य में नौकर पाना कठिन हो जाता है। कुमारियों, इन सब विषयों पर तुम्हारी सतर्कता आवश्यक है।

हे कुमारियों! धन-धान्य, सोना-चाँदी आदि जो भी स्वामी का संचित धन है उसका सदुपयोग और सयत्नपूर्वक रक्षा करनी चाहिए। किसी भी प्रकार से अन्य पुरुष के प्रति एवं सुरापान के प्रति आसक्त नहीं होना चाहिए। स्वामी द्वारा उपार्जित धन की चोरी या विक्रय आदि नहीं करना चाहिए। अन्य किसी प्रकार के अधर्म कार्यों द्वारा भी सम्पत्ति नष्ट नहीं करनी चाहिए। कुमारियों, तुम्हे यह शिक्षा जाननी चाहिए।

हे कुमारियों, जो इस प्रणाली को सुचारु रूप से पालन कर गृहस्थ जीवन-यापन करती हैं, मृत्यु के पश्चात् वे स्वर्ग लोक में उत्पन्न होती हैं।

विवाह के पश्चात् वर के घर में वर-कन्या दोनों को एकत्र कर भिक्षु संघ को पित्तुदान और भोजन के अंत में पंचशील ग्रहण करना चाहिए। बाद में भिक्षुसंघ से एक भिक्षु स्वामी-स्त्री के कर्त्तव्यों के विषय में उपदेश देते हैं।

कन्या को दिया उपदेश

पूर्वकाल में पुण्यात्मा धनंजय श्रेष्ठि की कन्या विशाखा के श्वसुराल जाने के समय निम्नलिखित दस अमूल्य उपदेश प्रदान किये। श्वसुरालय जाते समय प्रत्येक अभिभावक को अपनी कन्या को यह उपदेश देना उचित है।

1) **अम्म सशुरकुले वसन्तिया नाम अन्तो अग्गि न वहि नीहरितब्बो।** माँ और श्वसुर घर में रहते समय घर की आग बाहर नहीं ले जानी चाहिए, अर्थात् श्वसुर घर में किसी का भी दोष बाहर नहीं जाना चाहिए।

2) **वहि अग्गि अन्तो न पवेसेतब्बो–**
बाहर की आग भीतर न लायें। अर्थात् प्रतिवेशी किसी स्त्री या पुरुष द्वारा श्वसुर घर के किसी दोष को बताने पर श्वसुरघर में किसी को नहीं कहनी चाहिए।

3) **ददन्तस्स येव दातव्वं–**
जो व्यक्ति गृहसामग्री उधार ले कर यथासमय वापस कर देते हैं, उसी को वस्तुएँ आदि उधार देनी चाहिए।

4) **अददन्तस्स न दातव्वं–**

जो व्यक्ति गृह उपकरणों को लेकर यथासमय वापस नहीं करते, उनको वस्तुएँ उधार नहीं देनी चाहिए।

5) **ददन्तस्सापि अददन्तस्सापि दातव्वं–**

तुम्हारे समान गोत्र वाले या निकटतम आत्मीय-स्वजन यदि दरिद्र होने पर उधार नहीं चुकाते और उनमें देने की सामर्थ्य भी नहीं है, फिर भी उन्हें उधार देना चाहिए।

6) **सुखं निसिदितब्बं–**

सुख का उपवेशन करें अर्थात् जिस स्थान पर श्वसुर-सास स्वामी और अन्य गुरुजन को देख कर सहसा व्यस्त भाव होता है उस प्रकार के अयोग्य जगहों का उपवेशन न करें।

7) **सुखं भुंजितब्बं–**

सुख से आहार करें अर्थात् श्वसुर-सास, स्वामी आदि गुरुजन का आहार शेष होने पर घर के अन्य यदि कोई भूखे हैं तो उन्हें देकर ही स्वयं आहार करें।

8) **सुखं निपज्जितब्बं–**

सुख से शयन करें अर्थात् श्वसुर-सास, स्वामी आदि गुरुजनों के पूर्व शयन न करें। स्वयं सोने के पूर्व उनके प्रयोजनीय कार्यों का समाधान कर निश्चिन्त मन से सोना चाहिए।

9) **अग्गिं परिचरितब्बं–**

अग्नि परिचर्या करें अर्थात् श्वसुर-सास, गुरुजन आदि यदि छोटों के प्रति क्रोध करते हैं तो अग्निदग्ध न्याय के अन्तर्गत भोग करना चाहिए। इसीलिए उन्हें अग्नितुल्य समझकर यथासाध्य सेवा पूजा करनी चाहिए।

10) **अन्तो देवता नमस्सितब्बा–**

हृदय से श्वसुर, सास और स्वामी, गुरुजन आदि वर्ग के देवता की भक्ति करनी चाहिए।

माताओं! इन उपदेशों का ठीक से पालन करने पर सर्वत्र तुम्हारी सुकीर्ति और यश होगा। इसे सुनकर हमें भी आनन्द की प्राप्ति होगी।

स्त्री के प्रति स्वामी का कर्त्तव्य

1) **सम्माननना–** स्त्री के प्रति स्वामी सदैव योग्य मर्यादासूचक वाक्यों का प्रयोग करें।

2) **अवमानना–** कभी भी अवज्ञासूचक वाक्य प्रयोग करना उचित नहीं है।

3) **अनतिचरिया–** अन्य स्त्रियों के प्रति आसक्ति नहीं होनी चाहिए अथवा अपनी स्त्री पर अन्याय या कोई अत्याचार या उत्पीड़न करना अनुचित है।

4) **इस्सरिय वोस्सग्गो–** स्त्री के गृहकार्य को यथासंभव कार्यभाव से अर्पण करें।

5) **अलंकारानुप्पदानं–** उनको यथासमय अपनी शक्तिनुसार वस्त्र, आभूषण एवं प्रसाधन इत्यादि द्रव्य प्रदान करें।

स्वामी के प्रति स्त्री का कर्त्तव्य

1) **सुसंविहितकम्मन्ता–** सुचारु रूप से गृहकार्य करना चाहिए।

2) **सुसंगहितपरिजना–** विनीत व्यवहार और सहृदय द्वारा आत्मीय स्वजन और परिवार में सभी के प्रति अच्छा व्यवहार रखना चाहिए।

3) **अनतिचारिणी–** अन्य पुरुषों के प्रति कभी भी आसक्त न हो, सदैव पतिपरायण रहें।

4) **सम्भतक्खणं अनुरंञ्च–** स्वामी द्वारा उपार्जित सम्पत्ति और गृहसामग्री की यत्नपूर्वक रक्षा करनी चाहिए।

5) **दक्खा च अनलसा सब्बकिच्चेसु–** निपुणतापूर्वक और आलस्य रहित हो घरेलू कर्त्तव्यों को करना चाहिए।

विवाह मन्त्र

मंत्रदाता की बाधाओं को दूर करना । अमहाकं खो पन भगवा

दीपंकरपादमूलतो पट्ठाय पठमं दानपारमी, दुतियं सीलपारमी, ततियं नेक्खम्मपारमी, चतुक्खं पञ्ञापारमी, पञ्चमं विरियपारमी, छट्ठं खन्तिपारमी, सप्तमं सच्चपारमी, अट्ठमं अधिष्ठानपारमी, नवमं मेत्तापारमी, दसमं उपेक्खापारमीति दस पारमियो, दस उपपारमियो, दस परमक्खपारमियो 'ति समतिंस पारमियो पूरेसि। तासं पारमीनं अनुभावेन मयहं सब्बे उपद्दवा विनासमेन्तु।

1) वरकन्या की बाधाओं को दूर करना–

पुरक्खिमाय दिसाय, दक्खिनाय दिसाय, पच्छिमाय दिसाय, उत्तराय दिसाय, पुरक्खिमाय अनुदिसाय, दक्खिनाय अनुदिसाय, पच्छिमाय अनुदिसाय, उत्तराय अनुदिसाय, हेट्ठिमाय दिसाय, उपरिमाय दिसाय, सब्बे सत्ता सब्बे पाणा, सब्बे भूता, सब्बे पुग्गला, सब्बे अत्तभाव-परयापन्ना, सब्बा इत्थियो, सब्बे पुरिसा, सब्बे अरिया, सब्बे अनरिया, सब्बे देसा, सब्बे मनुस्सा सब्बे अमनुस्सा सब्बे विनिपातिका अवेरा होन्तु, अव्यापज्जा होन्तु, अनीघा होन्तु, सुखी अत्तानं परिहरन्तु, दुक्खा मुधञ्चन्तु, यथालब्ध सम्पत्तितो मा विगच्छन्द कम्मस्सका। इमिना मेत्तानुभावेन जयम्पतिनो सब्बे उपद्दवा विनासमेन्तु।

2) मन्त्रदाता द्वारा गुरु प्रणाम और शरणगमन–

पठमं द्वत्तिंस महापुरिसलक्खण - सम्पन्नं असीति अनुव्यंजन पतिमत्तितं निरोध-समापत्तितो उट्ठहित्वा निसिन्नं विय भगवन्तं अरहन्तं सम्मासम्बुद्धं नमामि, दुतियं आचारियं नमामि, ततियं तिरतनं सरणं गच्छामि।

3) वर-कन्या के आसन की रक्षा करना–

यं दुन्निमित्तं अवमंगलञ्च यो चामनापो सकुणस्स सद्दो, पापग्गहो दुस्सूपिनं अकन्तं बुद्धानुभावेन विनासमेन्तु, धम्मानुभावेन विनासमेन्तु, संघानुभावेन विनासमेन्तु।

4) वर को कन्या देना–

तुय्हं दीघरत्तं हिताय सुखाय इमं कञ्ञं गणहाहि।

5) वर के हाथों में कन्या का हाथ रखना–

द्विहक्खं सम्बन्धं विय तुमेहपि सब्बकालं समग्गभावेन वसथ, अञ्ञमञ्ञं देव-देवीनं विय संवासो च होतु।

6) वर और कन्या के पैरों को संयुक्त करना–

इदं पादद्वयं सम्बंधकरणं तुमहाकं यावजीवं अञ्ञमञ्ञगिहीधम्मं समादानाय चेव कुसलकम्मं करुणत्थाय च अविसंयोगस्स पच्चयो होतु।

7) मन्त्रदाता द्वारा वर और कन्या के लिए मंगल कामना–

नत्थि ते सरणं अञ्ञं बुद्धो ते सरणं वरं,
बुद्धतेजेन लोकस्स ताणा लेणा परायणा,
एतेन सच्चवज्जेन होतु ते जयमंगलं।
नत्थि ते सरणं अञ्ञं धम्मो ते सरणं वरं,
धम्मतेजेन लोकस्स ताणा लेणा परायणा,
एतेन सच्चवज्जेन होतु ते जयमंगलं।
नत्थि ते सरणं अञ्ञं संघो ते सरणं वरं,
संघतेजेन लोकस्स ताणा लेणा परायणा,
एतेन सब्बवज्जेन होतु ते जयमंगलं।

8) मंत्रदाता मंगल कलश से सात बार नव दम्पत्ति के सिर पर जल के छीटें देते हुए ये मंत्र पढ़े–

1) सदा सुखेन रक्खन्तु बुद्धा सन्तिकरा तुवं
तेहि त्वं रक्खितो सन्तो मुत्तो सब्ब भयेहि च।
सब्ब रोग विनिमुत्तो सब्ब सन्तापवज्जितो
सब्बवेरमतिक्कन्तो निब्बुतो च तुवं भव।
तेसं सच्चेन सीलेन खन्ती मेत्त बलेन च
तेपि तुम्हे अनुरक्खन्तु आरोग्गेन सुखेन च।

2) चतुद्दिस्समिं दिसाभागे सन्तिदेवा महिद्धिका
तेपि तुम्हे अनुरक्खन्तु आरोग्गेन सुखेन च।
आकासट्ठा च भूमट्ठा देव नागामहिद्धिका
तेपि तुम्हें अनुरक्खन्तु आरोग्गेन सुखेन च।
इद्धिमन्तो च ये देवा वसन्ता इध सासने
ते पि तुम्हे अनुरक्खन्तु आरोग्गेन सुखेन च।

3) आयुवड्ढको धनवड्ढको यसबड्ढको
सिरिवड्ढको सुखवड्ढको होतु सब्बदा।
दुक्खा रोगा भया वेरा सोका सत्तू पद्दवा
अनेका अन्तरायापि विनस्सन्तु च तेजसा।
जयसिद्धि धनं लाभं सोत्थिभग्गं
सुखं बलं सिरि आयु च वण्णों व भोग सिद्धि
च ते सदा सतवस्साव आयु च (आ)
जीवसिद्धि च होतु ते।

4) भवतु सब्ब मंगलं रक्खन्तु सब्बदेवता
सब्ब बुद्धानुभावेन सदा सोत्थि भवन्तुते
जयन्तो बोधियामूले सक्कानं नन्दिवड्ढनो
एवमेव जयो होतु जयस्सु जयमंगले।
अपराजित पल्लंके सीसे पुथुवीमुक्खले
अभिसेके सन्धुद्धानं अग्गपत्तो पमोदति।

अब मंत्रदाता मंगलकलश से सात बार नवदम्पति के सिर पर जल छिड़कता है।

5) पदक्खिणं कामकम्मं, वाचाकम्मं, वाचाकम्मं पदक्खिणं
पदक्खिणं मनोकम्मं, पणिधी ते पदक्खिणा।
पदक्खिणानि कत्वान लभन्तेक्ख पदक्खिणे
ते अत्थलद्धा सुखिता विरूल्हा बुद्ध सासने
अरोगा सुखिता होथ सह सब्बेहि ञातीभि।
अब कोई भी वर की सातबार प्रदक्षिणा कर प्रणाम करता है।

इसके पश्चात् मंगल शंखध्वनि से इस शुभ कर्म को पूर्ण करना चाहिए और इस सूत्र का पाठ करें–

6) इच्छितं पत्थितं तुयहं खिप्पमेव समिज्झतु
पूरेन्तु चित्तसंकप्पो चन्दो पन्नरसो यथा।
इच्छितं पत्थितं तुयहं खिप्पमेव समिज्झतु
पूरेन्तु चित्त संकप्पो मणिज्योतिरसो यथाति।

इस प्रकार वर-कन्या को महाश्रेष्ठी धनंजय द्वारा उसकी कन्या पुण्यश्लोका विशाखा को दिया गया उपदेश दोहरायें। श्वसुराल जाते समय कन्या को दिये गये इस उपदेश का सभी कुलवधुओं को पालन करना चाहिए।

बाद में वरकन्या के सम्मुख वेदी के ऊपर स्थित कलश से जल लेकर निम्नोक्त मंत्रों का पाठ करते-करते वर-कन्या के मस्तक पर पुष्प द्वारा जल छिड़कना चाहिए।

7) विवाह के अवसर पर मंगल कामना–
सिद्धिराजस्स सासने सिद्धिकिच्चक्ख कारतो,
सिद्धिभावा समिज्मन्तु सिद्धिलाभा भवन्तु ते।
जयन्तो बोधिया मूले सक्यानं नन्दिवड्ढनो,
एवमेव जयो होतु जयस्सु जयमंगले।
अपराजित पल्लंके सीसे पुथुविमुक्खले,
अभिसेके सन्धुद्धानं अग्गप्पत्तो पमोदति,
एतेन सच्चवज्जेन होतु ते जयमंगलं।
जय जय मंगलं वोधिपल्लकं'व
जय जय मंगल धम्मचक्कं'व
जय जय मंगल सब्बगुण-पाणीनं'व
जय जय मंगलं ञाणदित्तिं'व
जय जय मंगलं साधु सुप्पतिट्ठितानं'व।

8) वर-कन्या को आशीर्वाद करना–
समसीला समसद्धा भवन्तु उभयो सदा,
आयु-वण्ण-सुख-बल-पटिभाणं भवन्तु ते।
भवतु सब्बमंगलं रक्खन्तु सब्बदेवता,
सब्बबुद्धानुभावेन सदा सोक्खि भवन्तुते।
भवतु सब्बमंगलं रक्खन्तु सब्बदेवता,
सब्बधम्मानुभावेन सदा सोक्खिभवन्तु ते।
भवतु सब्बमंगलं रक्खन्तु सब्बदेवता
सब्बसंघानुभावेन सदा सोक्खि भवन्तु ते।

करणीय मेत्तसुत्तं

निदानं

1) यस्सानुभावतो यक्खा नेव दस्सेन्तिभिंसनं,
यमिह चेबानुयुञ्जन्तो रत्तिं दिवमतन्दितो।

2) सुखं सुपति सुत्तो च पापं किञ्चि न पस्सति,
एवमादिगुणोपेतं परित्तं तं भणाम हे।

सुत्तं

1) करणीयमत्थकुसलेन यन्तं सन्तं पदं अभिसमेच्च,
सक्को उजू च सुजु च सुवचो चस्स मुदु अनतिमानी।

2) सन्तुस्सको च सुभरो च अप्पकिच्चो च सल्लक्हकचुत्ति,
सन्तिन्द्रियो च निपको च अप्पगब्भो कुलेसु अननुगिद्धो।

3) न च खुद्दं समाचरे किञ्चि येन विञ्ञू परे उपवदेय्युं,
सुखिनो वा खेमिनो होन्तु सब्बे सत्ता भवन्तु सुखितत्त।

4) ये केचि पाणभुतक्खि तसा वा थावरा वा अनवसेसा,
दीघा वा ये महन्ता वा मज्मिमा रस्सकाणुकथुला।

5) दिट्ठा वा ये च अदिट्ठा ये च दूरे वसन्ति अविदूरे,
भूता वा संभवेसी वा सब्बे सत्ता भवन्तु सुखितत्ता

6) न परो परं निकुब्बेथ, नातिमञ्ञेख कथ्यचि नं किञ्चि
व्यारोसना पटिघसञ्ञा नाञ्ञमञ्ञस्स दुक्खामिच्छेय्य।

7) माता यथा नियं पुत्तं आयुसा एकपुत्तभनुरक्खे,
एवम्पि सब्बभूतेसु मानसं भावये अपरिमाणं।

8) मेत्तक्ख सब्बलोकस्मिं मानसं भावये अपरिमाणं,
उद्धं अधो च तिरियञ्च असन्वाधं अवेरमसपत्तं।

9) तिट्ठक्खरं निसिन्नो वा सयनो वा यावतस्स विगतमिद्धो,
एतं सतिं अधिट्ठेय्य ब्रह्ममेतं विहारमिधमाथ्ह।

10) दिट्ठिक्ख अनुपगम्म सीलवा दस्सनेन सम्पन्नो,
कामेसु विनेय्य गेधं नहि जातु गब्भसेय्यं पुनरेती'ति।।

परम शांति निर्वाण प्राप्त व्यक्ति के कर्त्तव्य निम्नलिखित हैं– वे सक्षम, सरल, अत्यंत सरल, सुबोध, कोमल और अभिमानशून्य हैं। वे यथासंभव सुन्तुष्टचित्त, मितहारी, अल्पकृत्य (विविध कार्यों में अलिप्त), थोड़े में ही संतुष्ट, शान्तेन्द्रिय, प्रज्ञावान, चाञ्चल्यहीन एवं गृहस्थी के प्रति अनासक्त रहते हैं।

वे कोई भी ऐसा कार्य नहीं करते जिससे दूसरे ज्ञानी लोग निन्दा करे। इसीलिए मन-ही-मन कामना करते हैं कि सभी जीव सुखी हों, निर्भय हो एवं कायिक और मानसिक सुख से सुखी हों।

सभय या निर्भय, छोटे या बड़े, बड़े, मध्यम और स्थूल जितने प्राणी हैं, दृष्ट, अदृष्ट, दूरवासी, समीपवर्ती, जो भी जन्में है या जन्म लेंगे, सभी जीव सुखी हों।

परस्पर वंचना न करे, किसी की अवज्ञा न करें एवं क्रोध और हिंसा के वश में हो किसी के लिए भी दुःख की इच्छा न करें। जिस प्रकार माता अपने गर्भ में अपने एकमात्र पुत्र को अपना जीवन देकर रक्षा करती है उसी प्रकार सभी प्राणियों के प्रति अप्रमेय मैत्री रूप में पोषण करना चाहिए।

सम्पूर्ण संसार के उर्ध्व, निम्न एवं चतुर्दिक जितने भी प्राणी हैं, बाधाहीन, शत्रुता से मुक्त, अप्रतिद्वन्द्वी होना चाहिए। मन में इस प्रकार से मैत्री भाव का पोषण करना चाहिए।

खड़ी अवस्था में, चलते-चलते, बैठे और सोते जिस समय तक निद्रा नहीं आती, उस समय तक इस मैत्री भाव को मन में जगाये रखना चहिए। आर्यलोग इसे ब्रह्मविहार कहते हैं। शीलवान और सम्यक् दृष्टिसम्पन्न स्रोतापन्न व्यक्ति मिथ्यादृष्टि परिहायपूर्वक भोग-लालसा और कामेच्छा का दमन कर पुनः गर्भाशय में जन्म धारण करने नहीं आते अर्थात् शुद्धावास नामक ब्रह्मलोक में उत्पन्न होकर अर्हत हो निर्वाण को प्राप्त करते हैं।

खन्द परित्तं

निदानं

1) सब्बासीविसजातीनं दिब्बमन्तागदं विय,
यन्नासेति विसं घोरं सेसञ्चासि परिस्सयं;

2) अणक्खेत्तमिह सब्बत्थ सब्बदा सब्बपाणीणं,
सब्बसोपि निवारेति परित्तं तं भणाम हे।।

3) विरूपक्खेहि मे मेत्तं मेत्तं एरापथेहि मे,
च्छब्बयापुत्तेहि मे मेत्तं मेत्तं कण्हगोतमकेहि च।

4) अपादकेहि मे मेत्तं मेत्तं द्विपादकेहि मे,
चतुप्पदेहि मे मेत्तं मेत्तं वथ्हप्पदेहि मे।

5) मा मं अपादको हिंसि मा मं हिंसि द्विपादको,
मा मं चतुप्पदो हिंसि मा मं हिंसि बथ्हप्पदो।

6) सब्बे सत्ता सब्बे पाणा सब्बे भूता च केवला,
सब्बे भद्रानि पस्सन्तु मा कञ्चि पापमागमा।

अप्पमाणो बुद्धा, अप्पमाणो धम्मो, अप्पमाणो संघो, पमाणवन्तानि सिरिंसपानि अहि-बिच्छिका; सतपदी, उण्णनाभी, सरभू, मूसिका। कता मे रक्खाकता मे परित्ता। पटिक्कमन्तु भूतानि सोहं नमो भगवतो नमो सत्तण्णं सम्मा सम्बुद्धानन्ति।

परित्राण हेतु दिव्य मंत्र औषधि की तरह सभी प्रकार के सर्पों से भी भयंकर विष का पूर्णतः निवारण करते हैं। ब्रह्माण्ड में जितनी दूर तक बुद्ध-शासन और बुद्ध की महिमा है सभी प्राणियों के कल्याणार्थ हमें वही परित्राण पाठ करना चाहिए।

विरूपाक्ष सहित मैत्रीभाव हो, ऐरावत सहित, छब्ब्यापुत्र सहित और कृशागौतमी सहित हमारी भाव मैत्री हो। पदहीन सहित हमारी मैत्री, द्विपद सहित हमारी मैत्री, चतुप्पद सहित हमारी मैत्री एवं बहुपद सहित हमारी मैत्री भावना हो। पदहीन प्राणी समूह मेरी हिंसा न करें, द्विपद प्राणी भी मेरी हिंसा न करें, चतुप्पद मेरी हिंसा न करें। सभी प्राणी, सभी जीव मंगलदर्शन करे, कोई भी किसी प्रकार का अमंगल प्राप्त न हो। बुद्ध अप्रमेय, धर्म अप्रमेय, संघ अप्रमेय है। सरीसृप, सर्प, बिच्छु, शतपदी, मकड़ी, सरभू, चूहा ये सभी प्रमेय हैं। मैं रक्षाबंधन करता हूँ, परित्राण पाठ करता हूँ, भूतगण लौट जाएँ। मैं सम्यकबुद्ध को नमस्कार करता हूँ।

मेत्त सुत्तं

निदानं

अग्गिक्खन्धोपमं सुत्वा जातसंवेग भिक्खुनं,
अस्सादत्थाय देसेपि यं परित्तं महामुनि।
सब्बलोक हितत्थय परित्तं तं भणाम हे।।

इस सूत्र से भिक्षुओं में संवेग या त्रिविध दुःख उत्पन्न होते हैं। महामुनि ने भिक्षुओं के लिए मैत्री भावना सुखोत्पादनार्थ जिस मैत्री परित्राण की देशना की वह सभी लोगों के कल्याण के लिए है। हे श्रोतागण हम उसी का पाठ करते हैं।

मेत्तानिसंस सुत्तं

निदानं

पूरेन्तो बोधिसम्भारे नाथो तेमियजातियं,
मेत्तानिसंसं यं आह सुनन्दं नाम सारथिं,
सब्बलोककहितत्थ य परित्तं तं भणाम हे।

1) पतूतभक्खो भवति विप्पवुक्खो सका घरा,
वतूनं उपजीवन्ति यो मित्तानं न दूभति।

2) यं यं जनपदं याति निगमें राजधानियो,
सब्बक्ख पूजितो होति यो मित्तानं न दूभति।

3) नास्स चोरा पसहन्ति नातिमञ्ञेति खत्तियो,
सब्बे अमित्ते तरति यो मित्तनं न दूभति।

4) अकुद्धो अघरं एति सभाय पट्निन्दितो,
ञातीनं उत्तमो होति यो मित्तानं न दूभति

5) सक्कत्वा सक्कतो होति गरु होति सगारबो,
वण्णेकित्तिभतो होति यो मित्तानं न दूभति।

6) पूजको लभते पूजं वन्दको पटिवन्दनं,
यसो कित्तिञ्च पप्पोति यो मित्तानं न दूभति।

7) अग्गि यथा पज्जलति देवता'व विरोचति,
सिरिया अजहितो होति यो मित्तानं न दूभति।

8) गावो तस्स पजायन्ति खेत्ते वुक्खं विरूहति,
बुत्थानं फलमस्नाति यो मित्तानं न दूभति।

9) दरितो सब्बततो वा रुक्खतो पतितो नरो,
चुतो पतिट्ठं लभति यो मित्तानं न दूभति।

10) विरुलहमूलसन्तानं निग्रोधमि व मालूतो,
अमित्ता नप्पसहन्ति यो मित्तानं न दूभतीति।

❑❑❑